Jorge M. T. Camargo

PETRÓLEO
TEXTOS & CONTEXTOS

Jorge M. T. Camargo

PETRÓLEO
TEXTOS & CONTEXTOS

A retomada de uma indústria que perdeu o rumo no seu apogeu

Rio de Janeiro 2018

© 2018 desta edição, Edições de Janeiro
© 2018 Jorge M. T. Camargo

Editor
José Luiz Alquéres

Coordenaçao editorial
Isildo de Paula Souza

Produção executiva
Carol Engel

Copidesque
Marcelo Carpinetti

Revisão
Patrícia Weiss
Raul Flores
Sonia V. B. de Faria

Projeto gráfico
Casa de Ideias

Capa
Ana Camargo
Ana Montenegro

Imagem da capa
Shutterstock / Blixa 6 Studios

CIP-BRASIL. CATALOGAÇÃO NA PUBLICAÇÃO
SINDICATO NACIONAL DOS EDITORES DE LIVROS, RJ

C178p

Camargo, Jorge M. T.
    Petróleo : textos & contextos / Jorge M. T. Camargo. - 1. ed. - Rio de Janeiro : Edições de Janeiro, 2018.
    : il.

ISBN 978-85-9473-029-9

1. Indústria petrolífera. 2. Petróleo - Aspectos econômicos. 3. Geopolítica. 4. Reservas de petróleo - Brasil. I. Título.

18-52224	CDD: 338.2728
	CDU: 330.123.7

Vanessa Mafra Xavier Salgado - Bibliotecária - CRB-7/6644

Todos os direitos reservados e protegidos pela Lei 9.610, de 19/2/1998.
É proibida a reprodução total ou parcial sem a expressa anuência da editora e do autor.
Este livro foi revisado segundo o Acordo Ortográfico da Língua Portuguesa de 1990, em vigor no Brasil desde 2009.

EDIÇÕES DE JANEIRO
Rua da Glória, 344 sala 103
20241-180 – Rio de Janeiro-RJ
Tel.: (21) 3988-0060
contato@edicoesdejaneiro.com.br
www.edicoesdejaneiro.com.br

*Para Coutinho e De Luca,
pela confiança*

*Tudo o que se passa no onde
 vivemos é em nós que se passa.*

FERNANDO PESSOA

Sumário

Apresentação **13**
Prefácio **15**
Contexto no tempo **19**

O CONTEXTO **25**
   Uma indústria que se reinventa   29

CONTEXTO BRASIL **33**
   Brasil com conteúdo   38
   Debate sobre operador único no Senado Federal   41
   As mudanças no pré-sal são boas para o Brasil   45
   Novos tempos e desafios para o downstream brasileiro   48
   Uma mudança necessária para uma indústria mais competitiva   52
   A hora do petróleo   55

CONTEXTO PETROBRAS **57**
   A gigante extenuada   60
   Honra ao mérito   63
   A Petrobras nunca foi assim   65

CONTEXTO NORUEGA **69**
   O modelo norueguês   75
   Partilha ou concessão?   78

CONTEXTO INTERNACIONAL **81**
   Geopolítica do setor de óleo e gás na América Latina   82
   Latin American Commodities Panel   89
   The Brazilian oil & gas industry at a crossroads   92
   Hydrocarbon frontiers – What is the next game changer?   98
   Advancing the Energy Transition in the Americas   101

CONTEXTO IBP **103**
   Discurso de posse na presidência do IBP   105
   Discurso de abertura da Rio Oil&Gas 2016   109
   Carta imaginária de Helio Beltrão a Otto Perrone por ocasião dos sessenta anos do IBP   116

FUTUROS CONTEXTOS **121**
A agenda do futuro   128
Saídas para o Brasil: óleo e gás   135

TEXTOS DE ENTREVISTAS **159**
Interview for the Brazilian Chamber of Commerce in Great Britain   159
Entrevista à Subsea World Magazine   166

TEXTOS PARA LIVROS **173**
História do offshore brasileiro   173
Introduction to biofuels   177

Agradecimentos **181**

Apresentação

O petróleo foi a grande fonte de energia do século XX. Seus usos transformaram o nosso modo de vida: como cozinhamos, como nos deslocamos, como climatizamos os ambientes para termos mais conforto. E isso sem falar nas suas utilizações não energéticas, por exemplo, a variedade de produtos petroquímicos dele oriundos que revolucionaram o que vestimos, a maneira de embalar nossos alimentos, de revestir nossos móveis, pisos e paredes, e outras incontáveis aplicações.

Uma inovadora utilização pela marinha inglesa na propulsão de navios de guerra fez crescer a percepção da sua importância militar desde a Primeira Guerra Mundial. A posse ou garantia de acesso ao seu suprimento provocou – e continua provocando – guerras. E essa máxima em geral mal-empregada: "O petróleo é estratégico." Baseados nela vários, países nacionalizaram suas jazidas ou fecharam seus mercados como forma de tentar ampliar benefícios econômicos para seus governos.

O seu preço, relacionado às perspectivas de escassez num mundo no qual o consumo é generalizado e as grandes reservas concentradas, subiu significativamente ao longo do século o que já seria mais do que motivo suficiente para justificar que, além do especialista, o leigo, o homem de negócios, o homem culto, conhecesse mais a respeito do petróleo.

Mas o assunto fica mais instigante quando se pensa que neste nosso século XXI tudo isso vai mudar: seus usos, as tecnologias de sua obtenção, seus preços relativos e a sua geografia de produção. Movido por imperativos ambientais, econômicos, sociais, e mesmo hábitos culturais de consumo, o petróleo e seu parente, o gás natural, terão um pico de consumo dentro de quinze ou vinte anos e, a partir daí, declinarão suas produções.

Novas fontes, novas tecnologias, novas formas de viver e produzir mudarão o perfil de uso de energia. O petróleo cairá de importância em termos relativos mas seguirá sendo uma indústria poderosíssima.

O Brasil possui apreciáveis reservas de óleo e gás, mas a forma que as explora tem sido objeto de debates técnicos, ideologizados e, muitas vezes, fanatizados. Com isso, no balanço, fizemos grandes progressos, mas perdemos também grandes oportunidades de usá-lo melhor em benefício da nossa população.

Não há dúvida que temos uma grande empresa nacional, porém... e o nosso país? Não teria ficado um tanto mais pobre e perdido o bonde da história por se dar ao luxo de sustentar uma empresa monopolista de fato, à custa de um povo carente?

Há mais de uma década editei dois livros com artigos sobre a energia escritos por pessoas homenageadas com destaque por Camargo neste livro. Seus mestres. Nossos mestres.

Hoje, o mestre maior é o Camargo. Seguro, com uma visão holística e uma cabeça aberta, seguindo a razão e a lógica, e não paixões, ideologias ou tradições ultrapassadas.

Hoje editor, mas antigo Secretário Nacional de Energia, setor que milito há 56 anos, fiquei muito honrado ao ser convidado para fazer esta apresentação, pois *Petróleo – Textos & Contextos* traz o melhor conteúdo para que se entenda a dimensão do desafio dessa indústria, do mundo e, com muita acuidade, o do nosso país.

José Luiz Alquéres

Prefácio

A leitura deste livro de Jorge Camargo permite a iniciantes e especialistas uma compreensão da indústria do petróleo e gás no Brasil e no mundo. O livro é a compilação de vários trabalhos com características bastante diversas: artigos em jornais, discursos, apresentações em seminários e trabalhos acadêmicos de maior peso. Todos os textos têm, no entanto, a mesma característica: a linguagem clara e agradável daqueles que querem transmitir suas ideias sem pedantismo. Os textos aqui apresentados são típicos daqueles que sabem escrever com simplicidade, sofisticação e, ocasionalmente, erudição.

O livro é organizado por *contextos*. Em um deles, por exemplo, é mencionado que o *shale oil* americano e o pré-sal brasileiro são hoje as duas novas províncias de maior atratividade do planeta – as descobertas de petróleo e gás no pré-sal representam 40% do total de novas reservas convencionais no mundo nos últimos anos.

A análise do contexto brasileiro e da Petrobras é por vezes angustiante. Após a aprovação da lei de concessões e da criação da Agência Nacional do Petróleo, Gás Natural e Biocombustíveis (ANP), as descobertas na bacia de Campos e, finalmente, o pré-sal, atraíram o interesse de investidores do mundo todo. No entanto, o caminho correto se perdeu no governo PT. Decidiu-se rever os modelos regulatório e tributário.

Por influência não só de governantes, mas também de empresários, regras de conteúdo nacional irrealistas foram criadas. Essas exigências e alterações promoveram a ineficiência, impediram os ganhos e produtividade, facilitaram a corrupção e terminaram por destruir a atratividade dos investimentos no setor de petróleo e gás no Brasil.

Todos os trabalhos apresentados neste livro têm uma característica comum que tornam a sua leitura cativante: não são apenas análises; são conclusivos. Há opiniões e recomendações transmitidas muitas vezes com ênfase e emoção. O melhor exemplo é a descrição da tragédia da Petrobras nos capítulos *A gigante extenuada*, *Honra ao mérito* e *A Petrobras nunca foi assim*.

Os textos mais antigos descrevem a meritocracia, a disciplina e a seriedade quase militar que prevaleceram nas primeiras décadas da Petrobras. São tratados aqui assuntos como a dificuldade da tomada de decisão por nacionalistas convictos, o abandono das buscas de petróleo em terra, concentrando-se os esforços na costa brasileira, e a difícil decisão de aprovar os contratos de risco. Esses escritos descrevem também a experiência de prospecção no exterior que tanto auxiliou os técnicos da Petrobras e propiciou tantos benefícios futuros, sem deixar de lado também a crença do autor de que uma empresa estatal podia, sim, ser eficiente, a exemplo da estatal norueguesa e da auspiciosa gestão da Petrobras pelos presidentes Henri Philippe Reichstul e Francisco Gros. A descrição me fez lembrar do livro clássico *O Petróleo*, de Daniel Yergin. Nele, Yergin descreve a desolação dos Rockefeller e dos dirigentes da Standard Oil quando, em maio de 1919, a Suprema Corte dos Estados Unidos determinou a dissolução da empresa. A partir dessa decisão, foram criadas a Exxon, a Mobil, a Chevron, a Atlantic, a Amoco e muitas outras. Pouco tempo depois, com a competição e a liberação de inovações tecnológicas, a soma das partes valia muito mais do que o todo. Os Rockefeller ficaram muito mais ricos. Da mesma forma, a competição beneficiaria a Petrobras. A quebra do monopólio nas áreas de refino, logística e gás seria o primeiro passo. A decisão tomada por Pedro Parente, ex-presidente da empresa, de vender parte de suas refinarias seria um primeiro passo.

É tocante a tristeza e vergonha do autor com o que aconteceu com a Petrobras durante os governos do PT: a destruição dos critérios de mérito, a incompetência e a corrupção em proporção planetária.

No capítulo que trata da geopolítica do setor de óleo e gás na América Latina, Jorge transmite com total sinceridade o seu pessimismo. Após as grandes conquistas de integração que foram Itaipu e o Gasoduto Brasil-Bolívia, nada mais avançou. Mas a própria descrição do potencial do setor nos diversos países da América Latina nos encoraja a perseverar nessa tentativa. O México sempre foi no passado objeto de admiração e inveja de seus vizinhos pelo tamanho de suas reservas petrolíferas. No entanto, o setor de óleo e gás estava estagnado há décadas pela falta de abertura à competição. Recentemente, ele passou a adotar o modelo de concessões inicialmente adotado no Brasil. Há estimativas de um potencial de 20 bilhões de barris no golfo. Em Vaca Muerta, na Argentina, está localizada talvez a maior reserva de *shale oil* e gás do mundo, cujo atraso no seu desenvolvimento é consequência da política intervencionista do casal Kirchner. No Brasil, as incertezas regulatórias e a corrupção levaram a um prejuízo de dezenas de bilhões de dólares. E a Venezuela, com suas reservas gigantescas, nem é preciso mencionar. A regulamentação do setor de óleo e gás em todos os países da América Latina visou, na sua origem, a proteção das *nossas riquezas* contra a cobiça de empresas e investidores estrangeiros. Hoje há exemplos inteligentes de modelos regulatórios, tributários, programas de incentivo à indústria local e licenciamento ambiental tais como os da Noruega, que são duradouros, atraem investidores e maximizam os benefícios para os países que adotam essas medidas. Seria desejável para toda a América Latina uma legislação semelhante que incentivasse o desenvolvimento de nossas riquezas e nos protegesse, não de investidores estrangeiros, mas de nós mesmos.

O presente livro trata com muita sobriedade do tema da transição energética. Apesar de ser um processo inarredável, a indústria de combustíveis fósseis existirá ainda por pelo menos mais duas gerações. A apropriação das reservas existentes com o objetivo de transformá-las em riqueza para o nosso país é urgente. Não há mais tempo para erros como os do passado recente ou para posições ideológicas ultrapassadas. O livro de Jorge Camargo, através de sua análise precisa, argumentação contundente, conclusões e sugestões, nos aponta o caminho a seguir.

José Pio Borges

Contexto no tempo

1858
– Concessão de dom Pedro II para a exploração de folhelho betuminoso em Maraú, Bahia.

1859
– Coronel Drake perfura em busca de petróleo em Titusville, Pensilvânia, considerado o marco inicial da indústria do petróleo.

1938
– Criação do Conselho Nacional do Petróleo (CNP).

1939
– Primeira descoberta de petróleo no Brasil, em Lobato, no Recôncavo Baiano.

1953
– Getúlio Vargas sanciona a Lei nº 2.004 que cria a Petrobras e estabelece o monopólio da União na exploração, produção, refino e transporte de petróleo.

1957
– Criação do Instituto Brasileiro de Petróleo (IBP), com Helio Beltrão na sua presidência.

1973

– A Guerra do Yom Kippur desencadeia a primeira crise do petróleo; surge a Organização dos Países Exportadores de Petróleo (Opep).

1974

– Descobrimento de Garoupa, a primeira de uma série de descobertas de grandes reservas de petróleo na bacia de Campos.

1975

– Em resposta à crise do petróleo, Ernesto Geisel sanciona os contratos de risco.

1984/85

– Descobertos os campos gigantes de Albacora e Marlim em águas profundas da bacia de Campos, cujo desenvolvimento da produção estava além dos recursos tecnológicos da época.

1988

– Promulgada a nova Constituição, que extingue os contratos de risco e restabelece o monopólio da Petrobras.

1992

– A Petrobras recebe o prêmio da OTC (Offshore Technology Conference), considerado o Oscar da indústria, pelo feito de colocar em produção o campo gigante de Marlim sob lâmina d'água de mais de mil metros.

1995

– A Emenda Constitucional nº 9 retira da Petrobras a execução exclusiva do monopólio da União.

1997

– Fernando Henrique Cardoso sanciona a Lei nº 9.478, que cria a Agência Nacional do Petróleo, Gás Natural e Biocombustíveis (ANP) e o Conselho Nacional de Política Energética (CNPE), e abre o país a investimentos privados no setor petróleo, sob regime de concessão.

— Inovações nas técnicas de perfuração horizontal e fraturamento hidráulico idealizadas por George Mitchell provam ser possível produzir gás economicamente a partir de folhelhos fraturados.

— CEO da British Petroleum (BP), John Browne reconhece a relação entre emissões de gases de efeito estufa e mudanças climáticas; ele defende o envolvimento da indústria na busca de soluções em palestra na Universidade Stanford.

1999
— Philippe Reichstul assume a presidência da Petrobras e lidera um profundo processo de modernização da gestão, governança e internacionalização da empresa.

2003
— Eleito presidente, Lula indica o sindicalista José Eduardo Dutra para a presidência da Petrobras, o deputado Haroldo Lima para a ANP e Dilma Rousseff para o Ministério de Minas e Energia (MME).

2005
— Descoberto o campo de Tupi (hoje chamado Lula), cujos surpreendentes reservatórios carbonáticos localizados abaixo das camadas de sal na bacia de Santos indicam volumes recuperáveis entre 5 e 8 bilhões de barris e descortinam uma nova província petrolífera, o pré-sal brasileiro, de classe mundial.

— A 7ª Rodada da ANP aprofunda as exigências de conteúdo local com índices obrigatórios de 55 a 70% na fase de desenvolvimento, distribuídos por dezenas de itens e subitens, além da introdução de uma *Cartilha de Conteúdo Local*.

2006
— Com a aceleração da produção de gás e óleo a partir de rochas fraturadas, tem início a *shale revolution* nos Estados Unidos.

2007

– O CNPE determina a exclusão de 41 blocos da 9ª Rodada de Licitação por apresentarem potencial exploratório nos horizontes do pré-sal e paralisa as futuras rodadas até que sejam avaliadas mudanças regulatórias.

2009

– Constituído grupo interministerial para a proposição de um novo marco regulatório.

2010

– Promulgado o novo marco regulatório que estabelece o modelo de partilha de produção, com participação obrigatória da Pré-Sal Petróleo S.A. (PPSA) – estatal criada para supervisionar os contratos de partilha – e a Petrobras como operadora única na área do pré-sal.

2011

– O barril de petróleo chega a US$ 120, puxado pela demanda da China.

2014

– Ex-diretor da Petrobras Paulo Roberto Costa firma acordo com a Operação Lava Jato e delata esquema de loteamento político, cartel de empreiteiras, pagamento de propinas e repasses a partidos políticos.

2015

– O barril de petróleo desaba a US$ 40 com o fim do superciclo de *commodities*.

– Dilma Rousseff recebe o IBP para discutir propostas que incentivem investimentos privados no setor petróleo brasileiro.

– Acontece em Paris a Conferência Mundial das Nações Unidas sobre Mudanças Climáticas (COP21).

– Lançado pelo PMDB o manifesto *Ponte para o Futuro*, que prega o retorno ao modelo de concessões e estímulo aos investimentos privados no setor petróleo.

2016

– Após *impeachment* de Dilma Rousseff, Michel Temer assume a presidência e indica Fernando Coelho Filho para o MME, Décio Oddone para a ANP e Pedro Parente para a Petrobras.

– Sancionada emenda do senador José Serra que desobriga a Petrobras de ser a única operadora do pré-sal.

2017

– A Petrobras divulga novo Plano Estratégico com foco em segurança operacional e na recuperação da saúde financeira da empresa, que requer um programa de desinvestimentos de US$ 34 bilhões.

– A ANP divulga calendário plurianual de licitações e promove as bem-sucedidas 3ª (partilha) e 14ª (concessão) Rodadas em condições contratuais mais atraentes e flexibilização das exigências de conteúdo local.

– Sancionada a extensão por mais vinte anos do Repetro, regime tributário especial que isenta de alguns impostos os investimentos em exploração e produção de petróleo.

2018

– A ANP promove a 15ª Rodada, em regime de concessão, que tem arrecadação recorde de R$ 8 bilhões em bônus de assinatura e consolida a volta do Brasil à posição de destaque na atração de investimentos globais em exploração e produção de petróleo.

O CONTEXTO

Brazil takes off. Esse foi o título de capa da excelente revista *The Economist* em 2009, mostrando um Cristo Redentor transformado em foguete, ascendendo como um bólido por sobre as montanhas e nuvens do Rio de Janeiro. O entusiasmo pouco durou: *Has Brazil blown it?*, perguntava em 2013 a mesma revista inglesa.

Depois da euforia, a ressaca. Passada a surpresa e o assombro com as dimensões e produtividade da nova província petrolífera que surgira abaixo das camadas de sal nas profundezas da bacia de Santos, o interesse pelo Brasil nos fóruns mundiais de petróleo praticamente desapareceu; virou quase um não-assunto. O país gradualmente se fechava a investimentos privados, concentrando na campeã nacional, a Petrobras, as operações na nova província do pré-sal, sob forte comando e controle do governo.

A exemplo da Arábia Saudita, cujas monumentais reservas de petróleo só despertam algum interesse em seminários técnicos – em que a competente Saudi Aramco apresenta suas proezas tecnológicas – ou o que pensa seu ministro do petróleo sobre os rumos da Opep, o Brasil perdia relevância no cenário internacional à medida que construía obstáculos, custos e riscos crescentes à atração de capitais globais para sua indústria do petróleo. Não há muito o que debater sobre um país que se fecha a investimentos outros que não o estatal.

Em 2015, quando assumi a presidência do IBP, o setor petróleo brasileiro tinha voltado a ocupar as manchetes internacionais, infelizmente pelas piores razões. O mundo acompanhava estarrecido o desenrolar da Operação Lava Jato, que revelava o maior escândalo de corrupção de todos os tempos, com a Petrobras em seu epicentro.

Ainda em 2015, não bastasse as agruras da Petrobras e a profunda crise brasileira – econômica, política e ética –, a sofrida indústria do petróleo brasileira é atingida em cheio pelo imprevisto colapso nos preços do petróleo. A tempestade perfeita.

Este livro reúne uma seleção de artigos, palestras e entrevistas que refletem opiniões minhas, pessoais e intransferíveis, mesmo quando assino como presidente do IBP ou da Statoil no Brasil. O material selecionado foi publicado ao longo dos últimos dez anos, período em que a gloriosa indústria do petróleo brasileira foi do céu ao inferno, até, mais recentemente, em 2016, recomeçar uma penosa volta ao bom caminho – a retomada de uma indústria que perdeu o rumo no seu apogeu.

Esse é o contexto por trás da maioria dos textos reunidos neste livro. Espero que sirvam como registro de uma época durante a qual tivemos (e desperdiçamos) tantas oportunidades, para que, no futuro, possamos evitar repetir experiências fracassadas, repelir conceitos ultrapassados, ideias anacrônicas, custosos retrocessos. Torço para que estejamos dando início a um novo ciclo, mais aberto e diversificado, para a indústria nacional do petróleo e gás, vacinados contra os erros do passado e com o olhar voltado para o amanhã e os imensos desafios do futuro.

Uma indústria que se reinventa

Foi o lendário John Rockefeller quem primeiro pôs em prática a integração da indústria do petróleo do poço ao posto. Uma ideia tão bizarra quanto a de um agricultor produtor de cevada se meter a fabricar cerveja e administrar bares. Na época da Standard Oil de Rockefeller, as melhores margens estavam no refino e distribuição; eram tempos de petróleo farto e barato. Só mesmo as Sete Irmãs, como ficaram conhecidas as poucas multinacionais do petróleo da época, eram capazes de dominar toda a complexa cadeia de produção de petróleo, transporte, refino e distribuição de combustíveis. Assim, mantinham distantes os incômodos da competição.

Hoje, são outros os ventos que sopram nossa indústria. Por excesso crônico de oferta, principalmente nos Estados Unidos, Ásia e Oriente Médio, as margens de refino esvaíram-se, assim como boa parte do parque de refino europeu. Já não se vê, como antes, apenas as antigas e tradicionais marcas dessa indústria estampadas nos cada vez mais luminosos postos de gasolina. Novos entrantes, melhor capacitados para lidar com as peculiaridades da venda de combustível a varejo e lojas de conveniências, vêm há tempos deslocando as tradicionais empresas de petróleo para fora desse mercado.

Também se foi o tempo do petróleo fácil e barato. Agora é preciso ir buscá-lo nas lonjuras geladas do Ártico, extraí-lo de areias betuminosas no Canadá, ou se aventurar em alto-mar, atravessando quilômetros de sedimentos, como nessa extraordinária nova província do pré-sal brasileiro. Ou ainda fraturando rochas maciças à força bruta para produzir petróleo e gás antes impensáveis, e uma revolução no mapa energético e geopolítico mundial. Os Estados Unidos tornaram-se um dos maiores e mais competitivos produtores de energia do planeta – em breve, autossuficientes e até exportadores de petróleo e gás. Talvez, graças ao gás liquefeito, estejamos dando os primeiros passos rumo a um mercado mundial integrado de gás no qual gradualmente desapareçam as diferenças de preços entre regiões do planeta.

Mais uma vez, a inovação e a tecnologia calaram os teóricos do *peak oil*. A abundância de novas frentes e recursos petrolíferos, de desenvolvimento bem mais complexo e, por enquanto, ainda chamados de não convencionais, trouxe consigo uma escalada de custos que hoje ameaça a sustentabilidade econômica dessa indústria. Embora os preços do petróleo tenham triplicado na última década, no mesmo período o retorno sobre o capital empregado pela maioria das grandes empresas petrolíferas foi reduzido a cerca de magros 10%, claramente incompatíveis com as suas necessidades de capital e os altos riscos enfrentados.

Nesses tempos de abundância de opções e escassez de capital, não só as empresas de petróleo, como também as prestadoras de serviço e os países produtores precisam se reinventar – como vem fazendo o México, em uma notável e longamente aguardada abertura dos seus mercados de energia, com um modelo em muitos aspectos similar ao adotado com tanto sucesso no Brasil há vinte anos. Do contrário, correriam o risco de serem alienadas por uma indústria mais seletiva e em constante transformação.

Hoje, cada vez mais empresas de petróleo se apresentam como empresas de energia. Para algumas, a ambição de ir além do petróleo significa aumentar a aposta no gás – atualmente, o único combustível capaz de substituir o carvão e, por emitir a metade de CO^2, fazer a transição para um futuro com menos carbono na atmosfera –, e até do gás à termoeletricidade. Outras se aventuram pelos terrenos pouco familiares das energias renováveis, ainda carentes de subsídios e avanços tecnológicos. Todas buscam, de alguma forma, fortalecer a sintonia com as novas demandas dos seus clientes e comunidades onde operam. Demandas por redução nas emissões de CO^2, demandas por energias mais limpas, eficientes e a preços razoáveis para atender a demanda mundial, que deve crescer 30% até 2035, e aliviar a pobreza energética – são ainda mais de 1 bilhão de pessoas no mundo sem o conforto mínimo do acesso à eletricidade – com responsabilidade social e ambiental. Poucas indústrias têm pela frente desafios de tamanha magnitude.

Texto publicado na revista *Brasil Energia* em agosto de 2014.

CONTEXTO BRASIL

A indústria do petróleo brasileira é uma história de sucesso. Seu início – marcado por grandes esperanças, traduzidas na campanha "O petróleo é nosso", que ainda hoje mexe com sentimentos nacionalistas profundos – foi dado com o desenvolvimento do nosso parque de refino e infraestrutura de abastecimento. A partir da descoberta da bacia de Campos, na década de 1970, o país e a Petrobras ascendem a posições de liderança em reservas, operações e tecnologia *offshore*.

Com a descoberta do pré-sal, em 2005, o Brasil passa a reunir condições inéditas para levar sua indústria do petróleo a patamar ainda mais alto. A nova e generosa província, de classe mundial, prometia reservas de petróleo que alguns previam poder alcançar 100 bilhões de barris. Apesar dos imensos desafios logísticos e tecnológicos, não havia obstáculos intransponíveis ao seu desenvolvimento; a Petrobras continuava expandindo sua liderança e os limites da tecnologia de águas profundas, como atesta o recebimento, pela terceira vez, do prêmio máximo da Offshore Technology Conference (OTC), em 2015, apesar da empresa já mergulhada nas profundezas do escândalo do *Petrolão*, desvendado pela Operação Lava Jato.

Ao tempo que o Brasil descobria essas imensas reservas potenciais de petróleo e ampliava o seu domínio da tecnologia *offshore*, a economia mundial vivia um exuberante superciclo das *commodities*, puxado principalmente pelo crescimento vertiginoso da China, que elevou o preço do barril de petróleo para além de US$ 100, propiciando ao desenvolvimento do pré-sal sólida robustez econômica e, ao país, a perspectiva de incrementar exponencialmente as receitas governamentais. Estudo feito à época pela Fundação Getúlio Vargas (FGV), por solicitação do IBP, calculava que, mesmo com base em premissas conservadoras, o valor presente da arrecadação de impostos decorrentes do pré-sal poderia ultrapassar R$ 1 trilhão.

Estavam postas condições magníficas para o Brasil dobrar em alguns anos sua produção de petróleo e gás para mais de 5 milhões de barris/dia, implantar uma política ambiciosa de conteúdo local, dada a escala das reservas e o amplo horizonte de tempo que o desenvolvimento da nova província propiciaria, e até promover uma ansiada reforma tributária, sem necessariamente haver perdedores, graças às novas e inesperadas receitas governamentais – o tal *bilhete premiado*.

Nessa mesma época, primeira década do novo milênio, tem início nos Estados Unidos a revolução do *shale oil*. Através do aperfeiçoamento de técnicas de perfuração horizontal e fraturamento hidráulico, vastas reservas de óleo e gás contidas em reservatórios antes considerados improdutivos se tornam tecnológica e economicamente viáveis. Essa nova forma de extrair hidrocarbonetos, por ser muito mais flexível e dinâmica, com outra lógica operacional e de riscos, altera profundamente os mercados e a indústria de óleo e gás. Os Estados Unidos, até então o maior importador mundial, estão próximos de alcançar a autossuficiência graças ao *shale oil*, com imensas consequências geopolíticas e macroeconômicas.

O *shale oil* americano e o pré-sal brasileiro se tornam as duas novas províncias de maior atratividade no planeta, pela escala dos recursos petrolíferos, robustez econômica e baixo risco político, ainda mais se comparadas à permanente instabilidade e fragilidade institucional que afligem algumas grandes províncias petrolíferas como, por exemplo, as do Oriente Médio.

Enquanto nos Estados Unidos o *shale oil* é desenvolvido com notável dinamismo por centenas de empresas operadoras, transformando o país no maior e um dos mais competitivos produtores de energia mundial, o que se viu no Brasil foi uma lamentável sucessão de erros de política industrial, talvez os mais desastrosos desde a malfadada política de reserva de mercado da informática na década de 1980.

Ao invés de acelerar a exploração da nova província e aproveitar as condições macroeconômicas favoráveis, paralisaram-se por anos os leilões de blocos exploratórios. Em vez de atrair investidores e capital para financiar o desenvolvimento da nova província, criaram-se obstáculos regulatórios e restringiu-se a uma única empresa, a Petrobras, o desenvolvimento do pré-sal. Como se não fosse desafio suficiente ser operadora única no pré-sal, sobrecarregou-se a estatal com pesadas obrigações de conteúdo local, investimentos inoportunos em refinarias inviáveis e subsídios bilionários ao consumo de combustíveis que quase a levaram à insolvência. E pior, instalou-se na empresa uma sofisticada estrutura de corrupção e desvio de valores para políticos, empresários e gerentes – que em grande parte elucida inacreditáveis erros de gestão – minando não apenas as finanças como também os princípios de racionalidade e meritocracia que prevaleciam na estatal.

Políticas de conteúdo local voluntariosas, sem foco nem empenho na busca de competitividade, deixaram um triste legado de sondas inacabadas, estaleiros ociosos, milhares desempregados e bilhões desperdiçados em investimentos sem perspectiva de retorno.

No afã por controle e centralização, substituiu-se os bem-sucedidos contratos de concessão por um modelo de partilha da produção que aumenta custos, riscos e burocracia, além de gerar mais uma estatal, a Pré-Sal Petróleo S.A. (PPSA).

E ainda perdemos excelente ocasião para uma ampla reforma tributária, já que no Congresso o debate sobre a distribuição da futura riqueza desandou num ácido embate federativo, ainda não pacificado, opondo estados produtores e não produtores de petróleo.

Enquanto discutíamos como distribuir o bolo, não percebíamos a nova riqueza se erodir. Perdíamos oportunidade de uma geração. A benção transformava-se em pesadelo, em mais um caso clássico de maldição do petróleo.

Na verdade, não existe maldição do petróleo. O petróleo não tem culpa; o que há é despreparo, incompetência, más intenções.

Há ainda que se ressaltar que tantos graves erros de política industrial no setor petróleo não foram culpa única e exclusiva de governantes e políticos despreparados ou mal-intencionados. Tiveram o apoio e a cumplicidade de boa parte do empresariado nacional.

O início do fim do desastroso ciclo de políticas intervencionistas no setor petróleo brasileiro acontece com a exaustão do último superciclo das *commodities*, em 2014. Ao colapso dos preços internacionais do petróleo se somou a profunda crise doméstica – econômica, política e moral. Não por acaso, a ainda presidente Dilma Rousseff recebe o IBP em fins de 2015, após oito anos de solicitações infrutíferas de audiência, em busca da retomada de um diálogo que pudesse trazer de volta ao Brasil investimentos no setor de óleo e gás que ajudassem na contenção da recessão econômica que se já se anunciava no horizonte.

A aprovação no Senado, em fevereiro de 2016, do fim da obrigação da Petrobras ser a única operadora no pré-sal, com o apoio do PT ainda no governo, é um marco nessa mudança de ventos.

Porém, os avanços mais significativos se darão sob o politicamente frágil governo Temer, cujo documento *Ponte para o Futuro*, lançado em outubro de 2015, já antecipando o impeachment da presidente Dilma Rousseff, enaltece a importância do setor privado na economia e defende o retorno ao regime anterior de concessões na área do petróleo.

Sob a surpreendente liderança do jovem ministro Fernando Coelho Filho, são removidos gradualmente os principais obstáculos à reconquista da competitividade por investimentos privados perdida desde de 2005. Sanciona-se a lei que desobriga a Petrobras da condição de operadora única no pré-sal. Produz-se e se inicia a execução de um calendário de leilões de blocos exploratórios. Atenua-se as obrigações de conteúdo local. Renova-se o Repetro, regime tributário especial que isenta de impostos os investimentos em exploração e produção de petróleo. As iniciativas Gás para Crescer, Combustível Brasil e RenovaBio dão início à abertura e modernização dos setores de gás natural e *downstream*. Eleva-se a segurança jurídica e regulatória brasileira.

Dentre as contribuições de maior impacto do governo Temer à sofrida indústria do petróleo está a qualidade das autoridades e executivos em posições-chave no governo. Além de Fernando Filho no Ministério de Minas e Energia (MME) e Décio Oddone na Agência Nacional do Petróleo, Gás Natural e Biocombustíveis (ANP), Pedro Parente assume o comando da Petrobras e, com ampla autonomia, traz a empresa de volta ao bom caminho, de onde nunca deveria ter se afastado.

Brasil com conteúdo

De um início marcado por grandes esperanças e muitas dúvidas, a uma posição de vanguarda e liderança tecnológica no cenário mundial, a indústria do petróleo petróleo brasileira é uma extraordinária história de sucesso. A conquista pela Petrobras – este ano, pela terceira vez – do prêmio da Offshore Technology Conference (uma espécie de Oscar do setor petróleo) confirma o Brasil como um dos principais polos de desenvolvimento e irradiação de novas tecnologias *offshore*.

À admirável capacitação tecnológica desenvolvida no país nas últimas décadas, soma-se agora o fabuloso potencial exploratório da província do pré-sal. Pela dimensão do pré-sal – dezenas de bilhões de barris já descobertos e ainda a descobrir – e o desafio de tornar seu desenvolvimento ainda mais econômico e seguro, o Brasil é o país que mais irá demandar, e mais oportunidades terá a oferecer para o surgimento de novas ideias e tecnologias *offshore*.

Escala, horizontes de longo prazo, demandas de alto valor agregado: essa é a combinação ideal para o desenvolvimento de uma indústria local de bens e serviços, objetivo estratégico de todo país abençoado pela abundância de recursos naturais, para assim multiplicar a geração de empregos e benefícios para a sociedade. No entanto, a construção de uma indústria local sólida e sustentável, como fez a Noruega, não é tarefa trivial. Muitos são os exemplos de fracassos, apesar das melhores intenções e dos pesados investimentos em subsídios e barreiras de entrada.

A presença de uma diversificada oferta de bens e serviços locais é também o sonho das empresas operadoras de petróleo. Essa é, por exemplo, uma das principais razões do extraordinário desenvolvimento recente do petróleo e gás não convencional nos Estados Unidos que revolucionou o mercado de energia global.

A indústria *offshore* brasileira vem se desenvolvendo desde a década de 1970 a partir da descoberta da bacia de Campos, e resultados expressivos já foram atingidos. Destaco, como exemplo, as indústrias de equipamentos e serviços submarinos, complexas e de alta tecnologia, que atendem, de forma competitiva, à grande demanda local. Mas é preciso, e possível, avançar, ir além. A partir da forte plataforma de produção no Brasil, atender a outros mercados, competir internacionalmente, capturar na plenitude o potencial dos investimentos que aqui estão sendo realizados, tornando-se, inclusive, capazes de enfrentar variações de demanda local, como a que vemos hoje.

Para tanto, é preciso um esforço conjunto – governo e indústria – e o aperfeiçoamento contínuo das políticas de conteúdo local, tornando-as melhor capacitadas a responder aos desafios atuais e futuros.

O Instituto Brasileiro de Petróleo, Gás e Biocombustíveis (IBP) tem o conteúdo local no alto de sua agenda prioritária e o benefício da ampla experiência de suas empresas associadas, tanto no Brasil como no exterior. Esta semana, divulgamos o trabalho feito pela consultoria Bain&Co com sugestões para o desenvolvimento sustentável da indústria local de bens e serviços para o setor de óleo e gás. São ideias simples e razoáveis, tais como foco em segmentos de maior valor socioeconômico e onde o Brasil possua vantagens comparativas – afinal, nenhum país é capaz de produzir tudo o que necessita –, a simplificação dos procedimentos de controle e fomento por meio de incentivos, ao invés de penalidades que afugentam investimentos.

Nós da indústria do petróleo estamos plenamente convencidos de que, se daqui a dez, vinte, trinta anos, mesmo que tenhamos desenvolvido o pré-sal de forma eficiente, rentável, limpa e segura, não tivermos aproveitado a excepcional oportunidade que hoje se apresenta para também edificar uma indústria local de bens e serviços forte e competitiva, não teremos cumprido plenamente a nossa missão.

Texto publicado no jornal *Folha de S. Paulo* em 19 julho de 2015.

Debate sobre operador único no Senado Federal

Brasília, 30 de junho de 2015.

CONTEXTO: As galerias do imponente Salão Azul do Senado Federal tomadas por exaltados funcionários do Judiciário clamando por reajustes salariais. Discursos senatoriais misturando a defesa do regime de operador único com o de aumentos salariais para o funcionalismo, para gáudio e aplauso das galerias. Ricardo Ferraço e José Serra – este, o autor da emenda em debate –, as únicas vozes senatoriais a defendê-la, sob apupos da galera.

Presidente Renan Calheiros, quero agradecer em nome do Instituto Brasileiro de Petróleo, Gás e Biocombustíveis (IBP) a oportunidade de participar deste debate sobre o impacto e os méritos da multiplicidade de operadores no pré-sal brasileiro, tema da maior relevância para o futuro da indústria do petróleo brasileira.

O Brasil vem gradativamente perdendo capacidade de atrair investimentos para o seu setor de óleo e gás, apesar do seu extraordinário potencial geológico.

Saibam, senhores senadores e senhoras senadoras, que 40% de todo o petróleo convencional – isto é, excluindo o petróleo e gás descoberto em reservatórios não convencionais, que é um fenômeno ainda exclusivamente americano – descoberto no planeta nos últimos dez anos, foi encontrado no Brasil.

No entanto, se analisarmos a distribuição dos investimentos globais em exploração e produção, que foram da ordem de US$ 700 bilhões em 2013, veremos que o Brasil recebeu apenas cerca de US$ 45 bilhões, ou seja, por volta de 6% do total. Um montante claramente abaixo dos potenciais geológicos e exploratórios brasileiros.

Desde 2013, quando esses dados foram produzidos, mudanças importantes ocorreram no cenário mundial; a mais profunda sendo a queda pela metade do preço do petróleo.

O impacto na capacidade de investimentos das empresas foi forte. O volume, reduzido à metade. A seletividade nas decisões, ainda mais rigorosa.

Portanto, se nada mudar, a carência de competitividade brasileira vai se tornar ainda mais aguda nesse novo cenário de baixos preços do petróleo que a maioria dos analistas preveem como duradoura. Mas, por que o Brasil se tornou tão pouco competitivo por investimentos?

Na avaliação do IBP, que representa a avaliação da indústria, são cinco os pontos críticos que minam a competitividade brasileira: a carência de leilões de blocos exploratórios, a política de conteúdo local, a imprevisibilidade dos licenciamentos ambientais, a instabilidade regulatória e o tema que nos traz hoje a este Senado: a obrigatoriedade da Petrobras ser a única operadora no pré-sal.

A boa notícia é que nenhum desses pontos é de tão difícil solução. É possível manter, se for do desejo do governo brasileiro, as mesmas políticas; essencialmente, o mesmo arcabouço regulatório. Apenas alguns ajustes, ou aperfeiçoamentos, seriam capazes de alavancar fortemente a capacidade brasileira de atrair investimentos para o seu setor de petróleo. O único ajuste que requer intervenção do Legislativo é justamente o que estamos tratando nesta sessão do Senado Federal.

Senhor presidente, eu queria agora explicar aos nossos senadores porque é tão importante para a maioria das empresas a oportunidade de exercer a função de operadora.

As empresas de petróleo geralmente se associam em consórcios nos projetos de exploração e produção com o objetivo de dividir riscos, custos e somar competências. Uma das empresas do consórcio é eleita operadora, sendo aquela a liderar estudos, análises e contratações. A que vai *botar a mão na massa*.

As empresas valorizam a oportunidade de assumir a operação de um consórcio, embora não lhes tragam vantagens econômicas ou financeiras relevantes. Os custos, receitas e lucros de um projeto são divididos de acordo com a participação de cada empresa no consórcio.

Porém, a possibilidade de operar projetos é de grande importância para a estratégia de longo prazo de uma empresa de petróleo em qualquer país. Ser operadora lhe favorece na atração e retenção de jovens talentos que, acertadamente, veem na possibilidade de se envolverem na condução das atividades operacionais oportunidade de desenvolvimento profissional. Isso lhes favorece pois, como operadores, adquirem a liderança do projeto e, portanto, ganham maior influência e controle na condução do empreendimento.

Por outro lado, a impossibilidade de operar restringe a sua atuação à de um sócio quase que somente financeiro. As empresas de petróleo não necessitam operar absolutamente todos os projetos em que atuam, mas é certo que esse impedimento representa um forte desestímulo a investimentos no país.

A multiplicidade de operadores também traz inúmeras vantagens ao país. Operador único torna-se um cliente único, aumentando o risco das empresas fornecedoras locais, limitando o desenvolvimento tecnológico e as oportunidades de internacionalização que um ambiente de maior diversidade de operadores propiciaria.

O desenvolvimento de sua indústria local de bens e serviços foi a motivação de uma das principais diretrizes da Noruega: a atração do maior número possível de operadores internacionais – até a Petrobras se apresentou –, quando se descortinou a dimensão das reservas petrolíferas na sua plataforma continental.

Adicionalmente, a impossibilidade de operar limita o número de interessados em participar dos leilões, como demonstrou o leilão de Libra, um dos maiores e mais promissores projetos já oferecidos à indústria e que, no entanto, atraiu uma única oferta, e um lance mínimo.

Para concluir, senhor presidente, quero enfatizar que dar à Petrobras, ou a quem quer que seja, o direito de preferência, ou de recusa, irá prejudicar os futuros leilões e, portanto, a valorização do pré-sal brasileiro, por causarem desequilíbrios e incertezas nas condições de disputa.

Concluindo, senhor presidente, quero lembrar que, em 1997, muitos acreditavam que o fim do monopólio seria o fim da Petrobras. No entanto, o que se viu foi justamente o contrário. A abertura do setor petróleo foi um sucesso, atraindo cerca de setenta novas empresas investidoras, e a Petrobras se tornou ainda mais forte e bem-sucedida. A conciliação de objetivos aparentemente conflitantes – atrair o maior número possível de empresas para investir no Brasil, em competição nas mesmas condições que as oferecidas à Petrobras, e o seu fortalecimento ainda maior – se explica pelo fato de que boas empresas prosperam ainda mais em ambientes sadios de competição. E a Petrobras é uma excelente empresa.

Muito obrigado.

As mudanças no pré-sal são boas para o Brasil

A 21ª Conferência do Clima (COP21) deu uma sinalização inequívoca da transição do planeta para uma economia de baixo carbono. Os 195 países participantes decidiram reduzir emissões de gases de efeito estufa para limitar as mudanças climáticas antropogênicas, decisão que terá efeitos profundos na indústria global de energia por reduzir o horizonte de tempo dos combustíveis fósseis. Nesse cenário, o Brasil não pode mais perder tempo e desperdiçar a oportunidade de aproveitar ao máximo os benefícios dessa extraordinária província petrolífera do pré-sal.

No caminho do desenvolvimento dessa imensa riqueza que jaz nas profundezas do subsolo marinho brasileiro existe um entrave: a exigência de que a Petrobras seja obrigatoriamente a operadora com participação mínima de 30% nos investimentos.

Nas próximas semanas, o plenário da Câmara dos Deputados deverá votar o Projeto de Lei nº 131/2015 que libera a estatal dessa obrigação e lhe oferece uma opção preferencial.

A mudança é boa para a Petrobras, que poderá escolher os projetos em que queira participar, sem o dever de acompanhar ofertas feitas com base em avaliações com as quais eventualmente não concorde, ou premissas estratégicas e comerciais diferentes das suas. Uma opção será sempre melhor que uma obrigação.

A mudança é boa para o Brasil, que poderá decidir, de forma soberana, sobre o ritmo de desenvolvimento do pré-sal que melhor atenda aos interesses do país, sem depender e ter de aguardar a recuperação da capacidade financeira de sua estatal.

A mudança é boa para a indústria nacional. Um operador único se torna cliente único, aumentando o risco das empresas fornecedoras locais – como sabem, dolorosamente, os milhares de desempregados pela crise que hoje enfrenta a Petrobras –, limitando o desenvolvimento tecnológico e as oportunidades de internacionalização que um ambiente de maior diversidade de operadores propiciaria.

A mudança é boa para a saúde e educação. Embora o projeto não trate da distribuição dos recursos oriundos do pré-sal, que continuam com a mesma destinação definida por lei, haverá um aumento significativo na arrecadação de impostos devido à aceleração dos investimentos. De acordo com estudos e projeções feitas pela Universidade Federal do Rio de Janeiro (UFRJ), com a obrigatoriedade do operador único, a arrecadação do setor será de R$ 21,3 bilhões em 2030; removendo esta restrição, o valor arrecadado passaria a R$ 205 bilhões.

A mudança é boa para a economia brasileira. Por subordinar-se a uma *commodity* internacional, o setor petróleo é menos dependente da retomada do crescimento econômico do país, podendo, inclusive, dar-lhe considerável impulso pela dimensão dos investimentos, empregos e tributos que é capaz de gerar.

Como sabemos, mudanças são as únicas certezas na vida. O Brasil fez no passado escolhas hoje vencidas pela força da atual realidade. Mas não mudaram os fundamentos do sucesso da nossa indústria do petróleo – o potencial geológico brasileiro e a capacidade tecnológica local. A mudança na legislação do pré-sal é boa para a indústria do petróleo brasileira por torná-la ainda mais diversificada, competitiva e saudável.

Texto publicado no jornal *Folha de S. Paulo* em 18 de setembro de 2016.

Novos tempos e desafios para o downstream brasileiro

O Brasil é um dos sete maiores mercados de combustíveis do mundo. Esse mercado sempre teve na Petrobras sua garantia de abastecimento. Os petroleiros da minha geração hão de lembrar que a missão da Petrobras, definida na década de 1960, era "abastecer o país com petróleo e derivados aos menores custos para a sociedade", missão essa que a empresa vem cumprindo com notável eficácia. Mesmo durante os choques do petróleo no Oriente Médio, períodos de turbulências políticas internas ou greves de petroleiros, esse país de dimensões continentais foi abastecido de combustíveis de norte a sul, de leste a oeste. Talvez, nem sempre aos menores custos para a sociedade e, em anos recentes, com pesados prejuízos aos seus acionistas e às finanças da empresa. Mas, é justo reconhecer e aplaudir a Petrobras pelo cumprimento de missão tão relevante para o desenvolvimento do país e bem-estar dos brasileiros.

No entanto, os tempos hoje são outros, a Petrobras é outra, e novos serão os desafios do abastecimento de combustíveis no país. O atual plano de negócios da Petrobras, focado na recuperação da sustentabilidade financeira da empresa, através de desinvestimentos e reestruturações, indica com lógica e clareza a prioridade para os projetos de desenvolvimento da produção de petróleo, com ênfase no pré-sal. No segmento *downstream*, a indicação é de manutenção das operações. Conclui-se que os investimentos necessários para a expansão da capacidade nacional de logística e refino, hoje integralmente nas mãos da Petrobras, terão de ser feitos por investidores privados. Evidentemente, para que investimentos privados em logística e refino se realizem, o ambiente de negócios e regulatório – principalmente os critérios de formação de preços de derivados – terão de ser outros, bem distintos dos que prevaleceram no Brasil até hoje. A partir da desobrigação da Petrobras de atender o mercado brasileiro em toda sua extensão, o setor *downstream* entra em terreno por nós desconhecido. As delícias e dores de um mercado integralmente controlado pela Petrobras em mais algum tempo serão doces (ou amargas) recordações.

O Instituto Brasileiro de Petróleo, Gás e Biocombustíveis (IBP) enxerga no atual momento de transição do setor *downstream* brasileiro – a exemplo do papel desempenhado a partir da abertura do setor *upstream* na década de 1990 – oportunidade para se oferecer como um fórum para estudos, debates e construção da nova visão para o setor de abastecimento brasileiro. Nesse sentido, encomendou-se ao Instituto de Logística e Supply Chain (ILOS) uma avaliação das demandas futuras, as lacunas logísticas e necessidades de investimentos em *downstream*.

O estudo considera apenas a adição da Refinaria Abreu e Lima (Rnest) ao atual parque de refino e que os volumes de biocombustíveis terão crescimento orgânico. A partir dessas premissas, projeta-se que em 2030 a demanda por gasolina equivalente (gasolina, etanol anidro e hidratado) deve crescer 44% – de 55 milhões para 79 milhões de metros cúbicos por ano –, enquanto a de diesel saltará de

53 milhões para 72 milhões de metros cúbicos por ano no mesmo período. Considerando que não haverá ampliação do atual parque de refino brasileiro – hoje com capacidade de processamento de 2.350 mil barris/dia – a oferta local de combustíveis não vai acompanhar o crescimento da demanda. Em 2030, o déficit de gasolina equivalente deverá ser da ordem de 23 milhões de metros cúbicos, e o de diesel alcançará 14 milhões de metros cúbicos. Portanto, a demanda futura por combustíveis deverá ser crescentemente atendida por importações de derivados, hoje da ordem de 13% do mercado, podendo alcançar 25% em 2030, sob as premissas de não haver novos investimentos em refino e a manutenção de altos índices de eficiência nas refinarias atuais.

O estudo IBP/ILOS também aponta gargalos logísticos importantes e, de modo geral, a saturação da infraestrutura de dutos, portos, ferrovias, rodovias e hidrovias, sendo as regiões Norte e Nordeste as mais carentes e vulneráveis a eventuais riscos ao abastecimento. Esses gargalos impõem complexidade e alto custo logístico para o abastecimento de combustíveis no país, o que mina a competitividade da economia brasileira e penaliza o consumidor final. Estudos recentes do ILOS sobre as cadeias logísticas no Brasil mostram que o nosso atual custo logístico corresponde a 11,7% do PIB. Nos EUA, o custo logístico equivalente é estimado em 8,3% do PIB americano, o que nos dá uma medida do seu impacto no chamado *custo Brasil* e na perda de competitividade dos produtos brasileiros.

Apenas para atender a demanda de combustível em 2030, o estudo encomendado pelo IBP estima que será necessário o investimento de cerca de R$ 32 bilhões em infraestrutura em todas essas áreas, incluindo tancagem e sistemas multimodais para escoamento de derivados de petróleo e biocombustíveis.

Essa imensa carência por investimentos em logística e refino pode ser vista como uma ameaça ao abastecimento nacional, ou, como preferimos, uma extraordinária oportunidade para investidores que apostem na dimensão e pujança do mercado de combustíveis brasileiro.

Quais seriam os princípios básicos a nortear uma nova visão para o *downstream* brasileiro? Essa foi a questão colocada para cerca de duas dezenas de especialistas em recente *workshop* sobre o futuro do *downstream*. As respostas apresentaram notável convergência. Políticas e ações efetivas que promovam e garantam liberdade de preços e regras de mercado, competição, produtividade, transparência e pluralidade de atores foram algumas das principais recomendações para a construção das condições necessárias para a atração do investimento privado e a garantia do abastecimento contínuo do mercado brasileiro.

Nós, no IBP, estamos empenhados em levar adiante esse debate – com isenção, visão estratégica e critérios de racionalidade econômica – e assim, colaborar com o setor *downstream* brasileiro, fundamental para o desenvolvimento do país nesse momento em que ele busca se reinventar.

Texto publicado no *Boletim da FGV Energia* em abril de 2016.

Uma mudança necessária para uma indústria mais competitiva

O fim da obrigatoriedade da Petrobras como única operadora no pré-sal e o anúncio de leilões de áreas para exploração de petróleo em 2017 trouxeram de volta alento e otimismo para a indústria brasileira do petróleo, com a perspectiva de atração de novos investimentos e a criação de milhares de empregos que poderão ajudar na retomada do crescimento da economia brasileira.

Entanto, diante do imprevisto colapso dos preços do petróleo em 2014, e a formação de um certo consenso de que esses permanecerão baixos por um bom tempo, a competição global por investimentos acirrou-se. Vivemos tempos de recursos energéticos abundantes e orçamentos restritos, seletivos. Competitividade é a palavra de ordem que move a indústria em busca da rentabilidade perdida e, com ela, a licença para investir e crescer.

A deterioração da competitividade brasileira por investimentos em exploração e produção vem desde 2005, ano da 7ª Rodada da Agência Nacional do Petróleo, Gás Natural e Biocombustíveis (ANP). Naquele ano, foram criadas obrigações complexas e irrealistas de encomendas à cadeia de fornecedores para uma extensa gama de bens e serviços, muitos indisponíveis no mercado brasileiro ou sem preço, prazo e qualidade compatíveis com as necessidades dos projetos de produção de óleo e gás.

Desde 2005, apenas uma descoberta de petróleo foi desenvolvida no *offshore* brasileiro. Outras 21 descobertas ficaram paradas, paralisadas diante dos custos, riscos e penalidades de um emaranhado de regras e obrigações de conteúdo local que, na prática, vêm impedindo a geração de empregos e encomendas a empresas locais.

De 2011 a 2016, foram aplicadas 110 multas, somando R$ 570 milhões, por não cumprimento de obrigações de conteúdo local. A Petrobras – que empenhou máximo esforço no desenvolvimento da indústria local – foi autuada em cerca de R$ 353 milhões.

Competitividade não combina com voluntarismo. Não se constrói uma indústria sadia com base em multas, subsídios, artificialismos e proteções insustentáveis.

A tempestade que se abateu sobre a indústria do petróleo brasileira, deixando um rastro de sondas inacabadas, estaleiros ociosos, milhares desempregados e bilhões desperdiçados em investimentos sem perspectiva de retorno, esperamos que, pelo menos, nos sirva de lição.

O Instituto Brasileiro de Petróleo, Gás e Biocombustíveis (IBP) apoia e aplaude a iniciativa do governo de ouvir os diversos segmentos da indústria e suas associações para, a partir dos erros e acertos, desenhar uma nova política de conteúdo local. Qualificada, com foco nas vantagens comparativas do Brasil para gerar empregos sustentáveis e investimentos que insiram a presença brasileira nas cadeias produtivas globais. Simples e flexível, sem os gastos e burocracia impostos pela atual miríade de itens e subitens – cada qual com exigências de conteúdo local que lhes garantam alguma reserva de mercado – e custosas certificações; com metas e métricas para mensurar avanços e benefícios. Uma política de governo baseada em incentivos, não em multas, que não implique em transferência de valor de produtores para fornecedores, que não se imponha como um ônus, um obstáculo aos investimentos, mas que antes os estimule e faça dos investimentos o principal fator de propulsão do desenvolvimento de uma indústria local dinâmica e competitiva.

Texto publicado no jornal *Correio Braziliense* em 30 de janeiro de 2017.

A hora do petróleo

Têm sido intensas e velozes as transformações do mundo moderno e o setor de energia não é exceção. Novas tecnologias estimularam verdadeiras revoluções, como a da produção de óleo e gás em reservatórios não convencionais que transformaram os Estados Unidos em um país autossuficiente em petróleo e gás, implicando impacto na geopolítica global e na formação dos preços do petróleo.

Na COP21, Conferência do Clima realizada em Paris, os 195 países participantes deram uma demonstração de convergência e uma sinalização inequívoca da inexorável transição para uma economia de baixo carbono – nesse contexto, as energias renováveis ganham cada vez mais escala e competitividade.

Tais fatores conduzem à expectativa de que o pico da demanda global por combustíveis fósseis – e não mais o pico de oferta – já é previsto para a próxima década. A abundância generalizada de recursos energéticos leva à perspectiva de baixos preços do petróleo por um longo período.

Relatório recente do *BP Energy Outlook* mostra que as reservas globais de petróleo mais que dobraram nos últimos 35 anos – ou seja, para cada barril consumido, dois novos foram descobertos. Começa, portanto, a ficar visível o início do seu declínio e a inexorabilidade do encalhe de parte das reservas hoje contabilizadas.

Como sabemos, 40% de todo o petróleo convencional descoberto no planeta na última década estava no Brasil, especialmente (mas não apenas) nessa ainda pouco explorada província do pré-sal.

E o país não ficou parado, com a instituição de um calendário regular de rodadas de licitação, cujo primeiro leilão foi exitoso, ao arrecadar bônus recorde de R$ 3,8 bilhões e de diversificar a gama de empresas que apostam no país, inclusive em áreas de exploração que incluem as chamadas *franjas do pré-sal*. O grande teste, porém, virá com as duas rodadas sob regime de partilha de produção e com blocos no polígono do pré-sal.

Passos importantes para o sucesso dos certames já foram dados. Revogou-se a obrigação da Petrobras ser a única operadora no pré-sal. Flexibilizaram-se as obrigações de conteúdo local. Gradualmente, o governo vem removendo os entraves regulatórios para que o Brasil recupere a competitividade e volte a ser capaz de transformar nosso potencial geológico em investimentos, empregos, receitas e crescimento econômico.

Esse novo ambiente irá potencializar o pré-sal e outras áreas. Avançamos em pontos-chave, que terão impacto na geração de emprego no setor. Somente a adoção de um calendário fixo de leilões abre caminho para investimentos de US$ 80 bilhões e vinte unidades de produção, de acordo com a Agência Nacional do Petróleo, Gás Natural e Biocombustíveis (ANP).

Ainda pelos cálculos da ANP, estender as regras novas de conteúdo local para contratos antigos de concessão podem destravar R$ 240 bilhões em investimentos, com potencial de elevar o patamar de produção do país e gerar milhares de vagas.

Já perdemos muito tempo, anos adiando leilões e construindo obstáculos regulatórios ao desenvolvimento das nossas reservas de petróleo. Roberto Campos, que em 2017 completaria cem anos, dizia que o Brasil não perde a oportunidade de perder oportunidades. Felizmente, o país acordou.

Texto publicado no jornal *O Globo* em 19 de outubro de 2017.

CONTEXTO PETROBRAS

A decisão estava tomada. Não havia possibilidade de eu participar daquela administração, principalmente depois da deselegância com que a nova presidente do Conselho de Administração da Petrobras, Dilma Rousseff, tratou o presidente Francisco Gros e os seus diretores, eu entre eles. Depois de ver a chegada de hordas de assessores, assistentes, asseclas e comparsas invadindo as salas da Presidência e Diretoria no 23º andar do edifício sede da Petrobras, brandindo bandeiras vermelhas, acendendo charutos já por conta dos contracheques recém-turbinados. Importantes e complexas posições de liderança distribuídas a apaniguados, protegidos, despreparados. Muitos sabidamente maus profissionais, sempre ao abrigo de sindicatos, avessos à ética do trabalho. Não havia a menor chance daquela administração dar certo. Mas não imaginei que daria tão errado.

Bem que o novo presidente José Eduardo Dutra tentou me reter. Apesar de geólogo, um estranho na indústria do petróleo, perdido no mundo corporativo. Saudoso das amenidades do Senado. Ofereceu-me função relevante: gerente executivo, reportando ao presidente. Agradeci e declinei. Pediu-me para continuar no cargo de diretor da Área Internacional enquanto procuravam um substituto. Fiquei por um mês, até nomearem o notório Nestor Cerveró.

Em agosto de 2003, pedi demissão; decidi não esperar a aposentadoria. "Ninguém pede demissão da Petrobras", contestou a funcionária do departamento de Recursos Humanos a quem dirigi o pedido.

Fizemos as malas, minha mulher Laura e eu, e fomos começar vida nova na fria e chuvosa, mas muito simpática, Stavanger, na Noruega. Acontece que a gente sai da Petrobras, mas a Petrobras não sai da gente.

Acompanhei de longe a tragédia anunciada. O coração sangrando com as notícias que chegavam da empresa a quem dediquei 27 dos melhores anos da minha vida profissional. A meritocracia, principal pilar da história de sucesso dessa grande empresa, sendo corroída. O brilhante trabalho de modernização, liderado por Philippe Reichstul, sendo desmontado.

Em seguida, as notícias da corrupção. Eram de se esperar, dada a (falta de) estatura moral de muitos dos que se aboletaram em altas posições de comando. Mas a escala, a estruturação, a profundidade, a proliferação, como uma metástase invasora por toda a organização, francamente, nem os mais pessimistas poderiam prever.

Ainda mais danosas que a corrupção sistêmica, as decisões de investimento sem perspectiva de retorno, a submissão à intervenção temerária e desmedida do governo, o endividamento irresponsável, o descalabro administrativo.

Destilei tristeza, frustação e vergonha com a situação da Petrobras em alguns artigos que foram publicados em *O Globo*. Em *A gigante extenuada*, comento que além dos imensos desafios com que se deparava a Petrobras – como desenvolver as formidáveis descobertas no pré-sal na bacia de Santos e sustentar a produção dos campos maduros da bacia de Campos – ainda tinha que carregar nas costas o peso de políticas equivocadas de um governo intervencionista. Em *Honra ao mérito*, abordo o que considero a causa raiz tanto da extraordinária história de sucesso da Petrobras, como de sua recente debacle, quando abdicou da meritocracia para privilegiar o aparelhamento das posições de liderança. *A Petrobras nunca foi assim*, o artigo mais enfático, o que melhor refletiu minha indignação com a desfaçatez que alguns tentam embaralhar um passado virtuoso e biografias honradas com a podridão dos anos recentes, nunca foi publicado. Está sendo agora.

A gigante extenuada

A Petrobras tem duas tarefas hercúleas pela frente: desenvolver as formidáveis descobertas no pré-sal na bacia de Santos e sustentar a produção dos campos maduros da bacia de Campos. Ambos desafios têm apresentado dificuldades e demandado recursos além dos que a Petrobras antevia e dispõe.

Sustentar e estender a vida produtiva de campos de petróleo em processo de envelhecimento não tem o mesmo charme que desenvolver novas descobertas, mas, além da obrigação de aproveitar ao máximo essas preciosas reservas, esse trabalho é fundamental para a saúde financeira de uma empresa de petróleo. São as receitas dos velhos campos que financiam os investimentos em exploração e desenvolvimento de novas descobertas.

Campos maduros se transformam com o tempo em grandes produtores de água salgada, tendo o petróleo como subproduto. Os campos mais antigos da bacia de Campos vêm apresentando em média taxas de declínio da ordem de 10% ao ano. Altas, mas dentro da normalidade. Estender-lhes a vida significa perfurar mais e mais poços, adequar as plataformas para processar volumes crescentes de água. Isso exige sondas de perfuração, gente capacitada e pesados investimentos.

Dobrar a produção de petróleo da Petrobras dos atuais 1,9 para 4,2 milhões de barris diários em 2020 é uma meta ambiciosa, mesmo que a empresa tivesse recursos financeiros ilimitados e fosse capaz de mobilizar toda a capacidade de fornecimento de bens e serviços mundiais. Mas não é esse o caso da Petrobras. Além dos imensos desafios operacionais e financeiros do seu programa de investimentos, a estatal é obrigada a subsidiar o consumo nacional de gasolina e diesel – que lhe custou cerca de R$ 45 bilhões nos últimos dois anos e elevou sua dívida para além de R$ 250 bilhões, testando os limites de sua capacidade de endividamento –, e fomentar o desenvolvimento da indústria local de bens e serviços. Era como se a Petrobras fosse uma superatleta tendo que enfrentar várias maratonas, mas obrigada a correr com uma mochila carregada de pedras às costas.

As dúvidas sobre a capacidade da Petrobras sustentar seu programa de investimentos e entregar as metas anunciadas têm contaminado não só o humor dos seus acionistas – que vêm punindo com extrema severidade seus papéis –, mas também toda a indústria no seu entorno. A falta de confiança do mercado, em virtude dos claros sinais de sobrecarga da principal locomotiva do setor, vem afetando decisões de investimento que, por sua vez, diminuem a capacidade produtiva da indústria. Isso demonstra também o equívoco de concentrar em uma única empresa, por mais competente que seja, as operações no pré-sal. Operador único significa cliente único e maiores riscos, como os que estão hoje evidentes, para seus fornecedores locais.

As agruras conjunturais por que passa a Petrobras também enublam a visão do brilhante futuro que a empresa, e a indústria do petróleo brasileira, têm pela frente. As extraordinárias reservas do pré-sal e as bases tecnológicas e produtivas já instaladas no Brasil nos permitem sonhar em triplicar a produção e as reservas nacionais. A receita para transformar o sonho em realidade é simples: um mercado aberto, transparente e competitivo; uma Petrobras governada por objetivos comuns a todos seus acionistas, não apenas ao majoritário, capaz de vender seus produtos e planejar receitas e investimentos com independência; políticas macroeconômicas e industriais executadas por ministérios e autarquias do governo, não através de empresas estatais.

A Petrobras ajuda melhor o país entregando produção e resultados com segurança e eficiência. Uma tarefa gigantesca.

Texto publicado no jornal *O Globo* em 12 de fevereiro de 2014.

Honra ao mérito

Teve início na década de 1970 a extraordinária história de sucesso da Petrobras na exploração das bacias marítimas brasileiras. Extraordinária, surpreendente e improvável. Como foi possível para uma obscura empresa estatal de terceiro mundo emergir como uma potência tecnológica de exploração e produção em alto-mar?

As razões são simples. Gente bem-preparada e meritocracia. Desde a sua fundação, a Petrobras teve à frente uma sucessão de lideranças visionárias, entusiastas do conhecimento e do reconhecimento ao mérito. Nesses quesitos – desenvolvimento de pessoas e meritocracia –, foi líder e pioneira entre as estatais, assim como foram excepcionais os resultados obtidos, para admiração internacional e orgulho dos brasileiros.

O exercício da liderança demanda talento, experiência, dedicação e valores morais. Como então nomear para as posições de chefia não os mais aptos, mas os melhor apadrinhados e protegidos? Quem o faz talvez não tenha ideia do dano que causa às organizações. Ou talvez tenha.

O dano maior nem é tanto o causado pelos malfeitos do apadrinhado, e sim, pelo sinal à organização de que o mérito, o esforço, a competência, valem menos do que a politicagem, o pistolão. Nesse ambiente, os melhores submergem ou se afastam. Prosperam as nulidades, os puxa-sacos. Prevalece a inoperância e se incuba a semente daninha da corrupção.

Há quem defenda que só a privatização pode dar fim aos males que a interferência política indevida causa às empresas públicas. A transferência à iniciativa privada, por si só, não garante que a meritocracia prevaleça. Não só organizações estatais estão expostas e vulneráveis ao compadrio, ao favoritismo, ao desmérito. Essas pragas também se propagam em empresas privadas, produzindo os mesmos efeitos deletérios.

Não há razão para uma empresa estatal ser menos eficiente do que uma empresa privada. O sucesso de uma empresa depende de um bom plano estratégico e gente competente para executá-lo – a Petrobras dispõe de ambos –, não da origem pública ou privada do capital majoritário.

Nenhuma empresa, estatal ou privada, conseguiria, como a Petrobras conseguiu, vencer desafios, inovar, criar tanto valor e atingir tal nível de excelência tecnológica sem ter à frente suas melhores lideranças, sem associar o êxito e o crescimento dos seus profissionais aos resultados por eles obtidos. Da mesma forma, é rápida a decadência da mediocridade nas empresas e organizações que dela abdicam.

Há quem acredite, ingenuamente, que a indicação política de um funcionário de carreira garante que a posição de chefia estará em melhores mãos. Penso o oposto. Se for para atropelar o sistema de meritocracia interno, se for para atender a interesses estranhos à empresa, que venha alguém de fora. Assim se sinaliza aos da casa que não há atalhos rumo aos postos de comando que não passem pelo esforço e competência. Dessa forma, evita-se que os de caráter mais fraco se vendam em troca de promoção. Privilegiar a prata da casa é boa prática; corrompê-la é criminoso.

Texto publicado no jornal *O Globo* em 2 de novembro de 2014.

A Petrobras nunca foi assim

Diante dos escândalos de corrupção na Petrobras, estampados quase que diariamente nas manchetes dos jornais e numa escalada vertiginosa que parece não ter fim, toma corpo a versão de que a empresa sempre foi assim, movida a propina e politicagem. Não é verdade; não foi. Se tivesse sido, não teria chegado onde chegou: a maior operadora em águas profundas, referência internacional em tecnologia *offshore*.

A desculpa de que sempre foi assim interessa aos delatores, aos responsáveis pela indicação dos corruptos e aos que, mesmo constrangidos com a dimensão do assalto à empresa, por razões ideológicas, preferem continuar apoiando e defendendo os responsáveis por tamanho descalabro. Até opositores do governo, na ânsia da crítica apressada aos malfeitos recentes, reforçam a tese da desconstrução de toda uma trajetória de extraordinário sucesso da empresa. Enganam-se e enganam a opinião pública. Nem sempre foi assim.

A Petrobras foi construída por profissionais e lideranças honestas, competentes e honradas, que vestiram a camisa da empresa e a ela dedicaram seus melhores anos de vida. Foram os investimentos no desenvolvimento dos seus profissionais e o predomínio da meritocracia os principais fatores que levaram a Petrobras a uma posição de vanguarda e liderança no cenário mundial.

A ampla maioria dos diretores que conduziram a Petrobras ao longo de suas seis décadas de existência não foram indicados por conveniências políticas, para se locupletarem e aos seus padrinhos, com poucas e desonrosas exceções. Se o fossem, repito, a Petrobras não teria chegado onde chegou. O governo tem o direito e dever de avaliar candidatos aos cargos de maior responsabilidade nas empresas estatais. Para sorte da Petrobras, sucessivos governos privilegiaram a competência, o mérito. Governos também podem optar por outros caminhos: os do loteamento partidário, da baixa politicagem, da alta corrupção.

É preciso ter em mente que o mundo não é preto e branco. Existe alguma influência política e corrupção em todas as empresas estatais, em todo o mundo. Desconsiderar diferenças de escala e intensidade em eventuais práticas ruins de governança é um absurdo.

Da mesma forma, mesmo entre indicações políticas para diretorias de empresas públicas, existem diferenças cruciais. Há os que, indicados por políticos, agiram de forma ética e responsável, defendendo os interesses da empresa, ajudando a construir a excelente reputação técnica e gerencial da Petrobras. Outros, mesmo pertencendo aos quadros da empresa, por vaidade e ânsia de poder, foram cooptados por políticos inescrupulosos para arrecadar recursos para partidos e em benefício próprio. Como a opinião pública acompanhando estarrecida, o recente loteamento político e pilhagem da Petrobras atingiu níveis inimagináveis e sem precedentes.

Vários ex-diretores e ex-gerentes deixaram a Petrobras para atuar na iniciativa privada, em cargos de grande responsabilidade, selecionados pela competência e idoneidade. Muitos já se aposentaram e levam vidas modestas, porém dignas, orgulhosos dos feitos e realizações de uma vida dedicada à empresa. É revoltante ler declarações de um bandido delator, preso a uma tornozeleira, jogar esses brasileiros decentes, com uma longa história de serviços prestados à Petrobras e ao Brasil, no mesmo saco sujo em que se meteu.

Texto escrito em dezembro de 2014, mas nunca publicado.

CONTEXTO NORUEGA

Para muitos, a palavra petróleo traz logo à mente a ideia de maldição. E não sem razões. Basta olhar para o que sucedeu com o Iraque, Venezuela, Nigéria e tantos outros países que patinam em petróleo e atraso.

No entanto, existe um país, lá ao norte do mapa-múndi, para quem o petróleo foi uma benção. A Noruega era o segundo país mais pobre da Europa ao fim da Segunda Guerra, à frente apenas de Portugal. Hoje é entre os mais ricos, graças, em grande parte, ao petróleo.

Certa vez, perguntei a um amigo norueguês a razão do extraordinário bem que o petróleo fez ao país. Ele respondeu como se estivesse me contando um segredo: "tivemos muita sorte, Jorge. Quando nos anos 1970 demos conta da dimensão das nossas reservas de petróleo, os políticos da época estavam iluminados e definiram que essa riqueza seria explorada em benefício de todo o povo norueguês!"

Imagino que semelhante intenção tiveram, ou pretenderam ter tido, quase todas as autoridades (estarei sendo ingênuo?) que se debruçaram sobre o desenho de um modelo de desenvolvimento dos recursos petrolíferos de seus países. A diferença é que o modelo norueguês de fato beneficiou a todos.

A Noruega conseguiu conciliar o que para muitos pode parecer impossível: dirigismo governamental eficiente e sem corrupção, desenvolvimento da indústria local de forma a passar do protecionismo a níveis de competitividade internacionais, produção de petróleo com respeito ao meio ambiente, arrecadação de impostos em abundância e ausência de gastos desnecessários.

O país, com área equivalente ao estado de Goiás e população de menos de 5 milhões de pessoas, é pequeno se comparado aos cerca de 30 bilhões de barris de petróleo descobertos na sua plataforma continental. A Noruega desenvolveu esses extraordinários recursos naturais no seu ritmo, cuidando para não afogar-se na abundância, nem contaminar-se com a *doença holandesa* que se manifesta quando a exportação em excesso de recursos naturais sobrevaloriza a moeda local, tornando o país caro e pouco competitivo internacionalmente.

A produção de petróleo que excedia a capacidade de absorção econômica saudável do país foi sendo transferida do subsolo, onde não tem valor, para um fundo de investimentos, soberano e transparente, que já acumula cerca de US$ 500 bilhões, investidos em ativos internacionais. Apenas 4% dos rendimentos desse fundo são trazidos de volta ao país. Os administradores desse fundo são cobrados mais sobre onde investem do que quanto rendem as aplicações. Investimentos em empresas que produzam armas ou tabaco, que usem trabalho infantil ou causem muito dano ambiental são proibidos.

Mas o que há de especial no modelo norueguês para produzir resultados tão admiráveis? Além de uma burocracia bem-preparada e políticos disciplinados, nada que já não seja bem-conhecido e aplicado com diferentes níveis de eficácia em muitos outros países, inclusive o Brasil.

A Noruega adota os contratos de concessão – através dos quais o país é ressarcido pela cessão dos direitos de exploração dos seus recursos naturais através de impostos sobre a produção – e se estabelece uma clara divisão de papéis e responsabilidades entre governo, agências reguladoras e empresas de petróleo, sejam elas estatais ou privadas. Modelo muito semelhante ao que foi adotado no Brasil quando da abertura aos investimentos privados, após o fim do monopólio no setor petróleo em 1997.

A Noruega tributa fortemente as empresas que produzem petróleo na sua plataforma continental. Algo em torno de 78% sobre a margem líquida. Essa carga tributária tem se mantido estável ao longo do tempo e não é tão alta quanto parece devido aos incentivos fiscais lá praticados. Através de deduções nos impostos, o Estado norueguês estimula novos investimentos em exploração, assim como em pesquisa e inovações tecnológicas. O governo chega a arcar com 78% dos custos de perfuração de um poço exploratório, tenha o poço sucesso ou não. Se descontados os incentivos fiscais, o nível de taxação sobre a produção de petróleo na Noruega se reduz a cerca de 67% do total das receitas líquidas, similar ao praticado hoje no Brasil.

Além da estabilidade, outro importante aspecto do regime fiscal norueguês é a neutralidade. Um projeto rentável antes da incidência dos impostos também o será após a tributação. Nenhum projeto deixa de ser desenvolvido por causa dos impostos. Todo projeto desenvolvido contribui com cerca de 2/3 do seu lucro líquido para os cofres públicos. Taxar o lucro, não os investimentos, parece ser uma ideia simples e lógica, mas ainda não aprendida no Brasil.

O governo norueguês é ao mesmo tempo arrecadador e investidor. Uma boa parte das receitas governamentais norueguesas deriva dos seus investimentos diretos em exploração e produção, feitos através de participações diretas nos campos de petróleo, administradas pela estatal Petoro. Investimentos feitos desde a fase de exploração e que hoje – em média, dez anos após as primeiras inversões – geram receitas proporcionais às participações societárias.

Pode parecer paradoxal, mas interessa às empresas de petróleo que o governo se aproprie do excedente das rendas advindas dessa produção. Um regime fiscal em que a remuneração do investidor seja exagerada, ou percebida como tal, não terá vida longa. Para um investidor de longo prazo, como são as empresas de petróleo, o mais importante é a estabilidade das regras, que não combina com lucros exorbitantes. Quando a instabilidade ou a tributação são excessivas, as empresas migram para ambientes mais favoráveis e os investimentos no país minguam ou até desaparecem.

O modelo norueguês está a meio caminho entre o modelo norte-americano, o mais liberal de que tenho notícia, e os modelos que nacionalizaram a totalidade das reservas e produção, nos quais o governo e sua estatal controlam integralmente o setor petróleo. Os norte-americanos têm ojeriza a que o governo se meta nas suas vidas e negócios; já os noruegueses têm uma confiança desmedida nos seus governantes, e com boas razões.

Na Noruega, o governo sempre teve, com maior ou menor grau de envolvimento direto, influência decisiva sobre sua indústria petroleira – o que demonstra, para desgosto dos liberais mais ortodoxos, que é possível uma boa gestão de recursos naturais, mesmo sob forte presença estatal. Contudo, mesmo diante das dimensões exuberantes das suas reservas, esse país resistiu à tentação de nacionalizar ou afugentar investidores privados por enxergar, com clareza, as vantagens para o país de se atrair investimentos, novas tecnologias e promover a competição entre empresas.

Em síntese, quando se debruçaram sobre como melhor aproveitar o presente que receberam dos deuses nórdicos em forma de reservas de petróleo, os políticos noruegueses claramente priorizaram a criação de valor de longo prazo. A estratégia foi a de produzir petróleo com baixo custo, daí o estímulo à competição entre operadores, forte taxação sobre os lucros e uso das receitas para o bem da geração presente e das futuras. Secundariamente, os noruegueses estimularam o desenvolvimento tecnológico e a indústria local.

Com êxito obtido em todas as frentes, hoje a indústria de bens e serviços norueguesa compete internacionalmente e se diferencia pela inovação.

Acho muito difícil, impossível mesmo, replicar-se integralmente o modelo norueguês em outros países. Para dar um exemplo, pouquíssimos países conseguiriam adotar, sem levantar suspeitas, a forma discricionária e subjetiva que o governo norueguês usa para distribuir blocos exploratórios entre empresas concorrentes. Nesse quesito, as rodadas de licitação promovidas pela nossa Agência Nacional do Petróleo, Gás Natural e Biocombustíveis (ANP) são um exemplo de abertura, competitividade e transparência.

Talvez, o aspecto do modelo norueguês mais difícil de reproduzir esteja no nível de desenvolvimento das pessoas e da democracia, tal como praticada por lá, e, por consequência, dos políticos e instituições. Certamente as dimensões do país e o número de habitantes favoreceram a admirável estrutura política e social que desenvolveram, tão difíceis de reproduzir.

A Noruega é hoje um dos poucos grandes exportadores de petróleo, senão o único, a conseguir estender crescimento e prosperidade a toda sua população e às gerações futuras; a transformar em benção a maldição do petróleo.

* * *

Escrevi o texto acima no meu livro *Cartas a um jovem petroleiro* (Editora Elsevier, 2013) e os artigos *O Modelo Norueguês* e *Partilha ou Concessão* quando presidia a Statoil no Brasil. O governo da época – Dilma Rousseff à frente da Casa Civil – paralisou os leilões e introduziu um novo modelo regulatório para a província do pré-sal. Provavelmente, a pior decisão de política industrial desde a reserva de mercado da informática. Há quem calcule que a paralisação dos leilões e a perda da oportunidade da janela de preços altos de petróleo implicou em perdas de arrecadações governamentais da ordem de mais de R$ 1 trilhão (um dinheirão perdido que, paradoxalmente, poderia ter estendido por ainda alguns anos os governos do PT, com Dilma à frente).

O modelo norueguês é visto por todos – inclusive pelo governo petista, que empreendia a mudança no setor petróleo – como uma experiência bem-sucedida, um caminho a seguir. Daí a motivação para os artigos. Mas impressionava o desconhecimento e a superficialidade dos que tinham a responsabilidade de definir o novo modelo regulatório naqueles tempos, a começar pela ministra Dilma, que centralizava todas as decisões e que, com a audácia da ignorância, comandou a desastrosa mudança do marco regulatório do setor petróleo.

Espantosa uma reunião de que participei no Palácio do Planalto nessa época entre Dilma Rousseff, ministra-chefe da Casa Civil, e o CEO da Statoil Helge Lund, na qual presenciei um diálogo surreal:

– "Mr. Helge, a Noruega adota contratos de partilha da produção. Nós, no Brasil, estamos estudando essa possibilidade. Qual é sua experiência com os contratos de partilha?", pergunta a ministra.

– "Ministra, os contratos na Noruega são de concessão, não de partilha", responde Helge, visivelmente constrangido.

– "Não são não, que eu sei!", decreta Dilma, de forma abrupta e peremptória.

O modelo norueguês

Poucos temas provocam tantas opiniões, emoções e controvérsias como o petróleo. Um raro consenso é o sucesso da Noruega, país que conseguiu conciliar o que parecia inconciliável: dirigismo com eficiência e sem corrupção, protecionismo que evolui para competitividade, arrecadação sem gastos. Sua riqueza natural transferida do subsolo, onde não tem valor, para um fundo de investimentos, soberano e transparente. A Noruega talvez seja o único grande exportador de petróleo a ter conseguido estender esse crescimento e prosperidade a toda a sua população e às gerações futuras, transformando em benção a maldição do petróleo.

Mas o que há de especial no modelo norueguês para produzir resultados tão admiráveis? À parte uma burocracia bem-preparada e políticos disciplinados, nada que não seja conhecido e aplicado em muitos outros países, inclusive o Brasil. Lá, como aqui, adotam-se os contratos de concessão e se estabelece uma clara divisão de papéis entre governo, agência reguladora e empresas de petróleo, sejam estatais ou privadas.

Talvez, a principal diferença entre o modelo norueguês e o brasileiro seja o processo de licenciamento. Lá, discricionário e subjetivo, aqui admiravelmente aberto, competitivo e transparente.

O modelo brasileiro tem sido também muito bem-sucedido. A autossuficiência e as formidáveis descobertas no pré-sal demonstram o sucesso brasileiro. O Brasil também conseguiu realizar objetivos que pareciam incompatíveis: atrair as grandes empresas de petróleo e fortalecer ainda mais a Petrobras.

Algumas propostas atualmente em debate, como o contrato de partilha de produção, significam um distanciamento do modelo norueguês. Esses contratos não produzem o mesmo nível de alinhamento entre governo e investidores que os contratos de concessão. É ilusão acreditar ser possível a um governo administrar contratos de partilha com uma estrutura tão enxuta quanto a da Petoro, a empresa estatal norueguesa que administra os investimentos diretos do governo desse país nos seus campos de petróleo.

Outra percepção equivocada é a de que o pré-sal vai gerar riqueza imediata. Essas descobertas trouxeram ao Brasil desafios tecnológicos, logísticos e de financiamento de proporções nunca enfrentadas. O petróleo do pré-sal será provavelmente o que utilizará mais neurônios por barril já produzido no planeta.

Essa nova província petrolífera deverá elevar as reservas e produção brasileiras a outro patamar. O ritmo e grandeza do impacto no desenvolvimento nacional dependerão do modelo regulatório e fiscal que irá reger o pré-sal, da sua capacidade de atrair investimentos, inovações tecnológicas e gente competente.

A Noruega é percebida como um país que tributa fortemente as empresas de petróleo. Lá, a taxação é de 78% sobre a margem líquida. Essa carga tributária tem se mantido estável e não é tão alta como parece devido aos incentivos fiscais lá praticados.

Através de deduções nos impostos, o Estado norueguês estimula novos investimentos em exploração e desenvolvimento da produção. O governo chega a arcar com 78% dos custos de perfuração de um poço exploratório, tenha ele sucesso ou não. Se descontados os incentivos fiscais, a taxação sobre a produção de petróleo na Noruega se reduz a cerca de 65% do total das receitas líquidas, similar à praticada no Brasil.

Além da estabilidade, outro importante aspecto do regime fiscal norueguês é a neutralidade. Um projeto rentável antes da incidência dos impostos também o será após a tributação.

O atual regime fiscal brasileiro, assim como o norueguês – através de impostos progressivos ou participações especiais sobre o petróleo –, pode ser facilmente ajustado para se apropriar dos rendimentos excepcionais que campos gigantes (no pré ou pós-sal) venham a gerar.

O Brasil faz muito bem em refletir sobre como melhor aproveitar os extraordinários recursos petrolíferos do pré-sal. É obrigação de todo governo extrair o máximo valor dos seus recursos naturais para o bem de sua população. A experiência norueguesa é interessante, mas cada país tem de escolher o seu caminho. E o Brasil tem sabido escolher muito bem o seu.

Texto publicado no jornal O *Globo* em 26 de outubro de 2008.

Partilha ou concessão?

As empresas de petróleo operam tanto no modelo de partilha quanto no de concessão. Os dois regimes permitem a incorporação das reservas aos balanços e podem oferecer aos investidores estabilidade e previsibilidade, independentemente de risco geológico ou preços do petróleo. Na verdade, foram as empresas internacionais de petróleo que introduziram o modelo de partilha para operar com maior segurança em países nos quais as instituições e sistemas jurídicos eram pouco desenvolvidos.

No modelo de partilha, a produção é repartida após os investidores se ressarcirem dos custos de exploração e desenvolvimento. Portanto, o risco dos custos é transferido para o país hospedeiro. O pré-sal é uma província cujo custo de desenvolvimento ainda está por ser melhor dimensionado, embora se saiba que será alto. A boa teoria econômica ensina que os riscos devem ser alocados aos agentes melhor capacitados a administrá-los, no caso, as empresas de petróleo. Transferir o risco dos custos do pré-sal para o governo brasileiro através do contrato de partilha é um dos aspectos da nova proposta de regulação que reduzem o valor do pré-sal, mas não o principal.

O principal é restringir o desenvolvimento do pré-sal a um único operador, por melhor que ele seja. A criação de valor em qualquer empreendimento se faz através de inovação e investimentos. A capacidade tecnológica e de investimento da Petrobras é extraordinária, mas será sempre menor que a do conjunto da indústria do petróleo.

A experiência demonstra que a competição entre operadores, com diferentes competências e estratégias, é a melhor forma de maximizar o valor dos recursos naturais de um país. A percepção de risco, custo e prêmio de um bloco exploratório varia bastante entre diferentes investidores – daí a enorme variação entre os lances nos leilões. A beleza de um ambiente aberto e competitivo está em os ativos migrarem naturalmente para os operadores que neles enxerguem maior valor, para o bem do verdadeiro dono dos ativos, no caso, o Brasil.

O modelo proposto de leilões em que os investidores oferecem participações governamentais sem o aval da Petrobras – que irá operar o bloco e será obrigada a aderir em no mínimo 30%, gostando ou não do bloco e da oferta – é inusitado e pouco eficiente. Adicionalmente, o sistema de governança dos consórcios que irão explorar o pré-sal também não estimula investimentos privados por introduzir conflitos de interesse nos comitês operacionais. A Pré-Sal Petróleo S.A. (PPSA), que não participa dos investimentos, terá controle e poder de veto sobre as ações do consórcio. Os objetivos da PPSA serão naturalmente os do governo, que mesmo legítimos, nem sempre serão coincidentes com os objetivos comerciais dos demais sócios, aumentando a incerteza e o risco dos potenciais investidores. O governo pode e deve exercer controle sobre empreendimentos da dimensão do pré-sal, mas em nível estratégico, não operacional.

O pré-sal também configura uma extraordinária oportunidade para elevar a indústria nacional de bens e serviços a um patamar ainda mais alto em escala e competitividade. Restringir a indústria local a um único operador limita sua capacidade de desenvolvimento e internacionalização e, certamente, induzirá a maiores custos e menos inovação que quando exposta a uma maior diversidade de operadores.

A experiência norueguesa é frequentemente citada como inspiradora da proposta de regulação hoje em debate. No entanto, se aprovada essa proposta, o Brasil irá se distanciar do modelo norueguês. Lá, o regime é de concessão e é clara a divisão de papéis e responsabilidades entre governo, agência reguladora e empresas de petróleo, sejam estatais ou privadas. Atrair as melhores empresas operadoras para atuarem na plataforma continental norueguesa – a própria Petrobras atuou lá na década de 1980 – sempre foi um objetivo prioritário e estratégico. O governo norueguês participa diretamente da maioria dos empreendimentos através da sua estatal Petoro, sempre como investidor minoritário, nunca controlador, alinhado com os interesses dos demais sócios. Os objetivos do governo sobre o controle dos recursos petrolíferos são perseguidos e exercidos ativa e efetivamente, mas em instâncias de governo fora e acima dos comitês operacionais.

A proposta de regulação do pré-sal está no Congresso. É natural que no debate predominem aspectos de maior interesse político, como a distribuição das futuras receitas do pré-sal, mesmo que se trate de receitas que advirão daqui a quinze ou vinte anos. No entanto, ainda mais importante do que o modo como reparti-lo é como engrandecer o valor do pré-sal. A proposta de modelo regulatório em análise limita e corrói significativamente o valor que o Brasil poderá extrair desses extraordinários recursos petrolíferos.

Texto publicado no jornal O *Globo* em 12 de setembro de 2009.

CONTEXTO INTERNACIONAL

A posição de presidente do Instituto Brasileiro de Petróleo, Gás e Biocombustíveis (IBP) traz tanto oportunidades de participação nos principais fóruns internacionais, quanto desafios, tais como o de substituir um ministro brasileiro que cancelou sua palestra na Offshore Technology Conference (OTC) de última hora, ou de opinar sobre temas com os quais tenha pouca familiaridade – energias renováveis, por exemplo.

Mesmo quando o tema vai além das nossas fronteiras, como o debate promovido pela Fundação Getúlio Vargas (FGV) sobre geopolítica e integração energética na América Latina, invariavelmente há que se tratar do ambiente regulatório, fator crítico de sucesso na cada vez mais acirrada disputa por investimentos globais.

Nas palestras no exterior, sempre procurei transmitir panoramas e mensagens positivas sobre o Brasil. Afinal, roupa suja se lava em casa. A crise como um catalisador de mudanças necessárias. Mudança de um modelo calcado na onipresença e intervenção estatal que se exauria, melancolicamente, para um ambiente de negócios mais diversificado, competitivo e transparente.

Geopolítica do setor de óleo e gás na América Latina

Rio de Janeiro, 30 de maio de 2015.

Inicialmente, meus agradecimentos à Fundação Getúlio Vargas (FGV), do professor Roberto Castello Branco, e à Catavento, da minha amiga Clarissa Lins, pelo convite e a oportunidade de participar deste seminário sobre integração energética, sob os auspícios da prestigiosa Fundação Konrad Adenauer.

O tema nos estimula a digressões sobre os méritos e potencial de integração energética em nosso continente. Energia, entedida como um dos principais eixos e motores de cooperação e alavancagem econômica da nossa querida América Latina.

Lamento, mas creio que irei decepcioná-los. Não acredito, pelo menos no curto e médio prazo, no potencial de integração energética latino-americana.

Ao longo das últimas décadas, poucos temas geraram tantos fóruns, seminários, artigos, memorandos de entendimento, encontros de cúpula e a criação de organismos multilaterais latino-americanos quanto a integração energética. Que resultados concretos produziram? Itaipu e o Gasoduto Bolívia-Brasil. Empreendimentos, sem dúvida, de porte, mas também geradores de polêmicas e controvérsias.

O projeto de mais evidente potencial de integração energética e de maior capacidade de gerar sinergias econômicas – o gás no Cone Sul –, capaz de unir as imensas reservas bolivianas aos mercados chilenos e argentinos, nem isso conseguimos executar. E as perspectivas quanto ao abastecimento do gás boliviano aos mercados brasileiros são declinantes.

A nossa incapacidade de executar projetos de integração energética, com méritos evidentes, nunca nos impediu de gerar ideias estapafúrdias como a do *Gran Gasoducto del Sur* que, em um delírio, pretendeu unir reservas de gás da Venezuela – ainda não comprovadas, registre-se – aos pampas argentinos, através de um gasoduto que rasgaria a Amazônia e ainda, de passagem, irrigaria o sofrido Nordeste brasileiro.

Creio que só a América Latina seria capaz de reunir três presidentes – Chavez, Lula e Kirchner, fotografados debruçados sobre o mapa onde se riscou a trajetória desse gasoduto desvairado – dispostos a apor suas assinaturas sobre projeto de tamanha insensatez.

Episódios como esse servem de inspiração ou explicação para o florescimento em nosso continente do realismo fantástico, fenômeno da literatura mundial.

Por essas e outras razões, sou cético quanto à nossa integração energética. De fato, em questões de energia, nós latino-americanos somos na verdade muito mais competidores do que parceiros. Competimos por investimentos, competimos por mercados.

Portanto, vou deixar de lado o tema integração energética e tratar da competitividade dos países da América Latina. Esse será o principal foco da minha palestra.

Pretendo direcionar a minha análise a três ângulos da competitividade: o potencial de reservas de óleo e gás; o ambiente regulatório; e a capacidade local de execução. Focarei em quatro países: México, Venezuela, Argentina e Brasil.

Há também bastante atividade petrolífera na Colômbia, Peru, Equador e Bolívia, mas nos quatro países que mencionei como meu foco principal hoje, temos províncias petrolíferas de classe mundial, cujas dimensões e impacto econômico ultrapassam os da nossa região, com capacidade de atrair os principais investidores e atores do setor de óleo e gás mundiais.

Vou antecipar minhas principais conclusões: vejo o Brasil e o México como os melhor posicionados nessa competição por capital; e o ambiente regulatório – bem mais que o potencial exploratório – como o fator crítico de sucesso nessa disputa por investimentos globais.

MÉXICO

Vamos falar do México. Depois de sessenta anos fechado a investimentos privados, o México se abriu e, curiosamente, utilizou muito da experiência da abertura brasileira na década de 1990 como modelo.

Os resultados das primeiras rodadas de licitação foram modestos, mas o México detém províncias de grande potencial ainda não licitadas.

Amplas áreas em águas profundas do setor mexicano do golfo do México se encontram ainda totalmente inexploradas. A julgar pelos resultados obtidos do lado americano, já em estágio de exploração madura, onde cerca de 40 bilhões de barris de petróleo foram descobertos, é de se esperar, por similaridade geológica, que o setor mexicano possa também conter reservas da ordem de dezenas de bilhões de barris.

O México tem ainda uma grande vantagem competitiva: a proximidade com a cadeia de fornecedores de bens e serviços mais diversificada, eficiente e barata do planeta. O famoso lamento mexicano, "tão longe de Deus, tão perto dos Estados Unidos", não se aplica nesse caso.

O México conta ainda com um bom potencial de reservas não convencionais, certamente menor que o argentino, mas com ótimas condições de atratividade, pela disponibilidade de fornecedores do lado americano, caso ofereça um ambiente regulatório e fiscal também atrativo.

VENEZUELA

A Venezuela é um caso à parte. Costumo recomendar, aos que se sentem desacorçoados com o Brasil, uma visita à Venezuela. Garanto que voltarão muito mais animados com o nosso país.

O maior potencial petrolífero venezuelano se encontra na faixa do Orinoco. Esta também, uma província à parte. Dizem que detém cerca de 200 bilhões de barris de óleo recuperável, ou seja, uma Arábia Saudita. Eu não acredito. Possuem certamente, como se atesta, 1,2 trilhões de barris de óleo *in place* (nos reservatórios em subsuperfície). O desafio – tecnológico, econômico e ambiental – é extrair esse óleo extremamente pesado, quase um asfalto, levá-lo à superfície e transformá-lo em algum produto utilizável.

A pressão mundial por menos emissões de carbono, a competição com tantas províncias petrolíferas bem mais atrativas – mesmo sem falar no atual imenso risco político que o país representa a qualquer investimento – colocam as reservas venezuelanas como séria candidata a ficarem encalhadas para sempre.

ARGENTINA

O maior potencial e esperanças do setor petróleo argentino se concentra numa formação de idade jurássica chamada Vaca Muerta. Essa formação contém as rochas que geraram o petróleo que há décadas vem sendo produzido na bacia de Neuquén, a principal província petrolífera argentina.

Depois da revolução do *shale oil* americano, o desenvolvimento de reservatórios não convencionais, que transformou a indústria do petróleo e a própria geopolítica mundial, Vaca Muerta atraiu a atenção por se revelar uma das formações do planeta com maior potencial para a exploração por faturamento hidráulico. Estamos falando de reservas potenciais da ordem de 20 bilhões de barris de óleo e o dobro de equivalentes e de gás.

A província de Neuquén conta com uma razoável infraestrutura, construída para o apoio e escoamento da produção de petróleo e gás convencional, o que adiciona atratividade ao novo *play*.

No entanto, a Argentina tem o péssimo hábito de controlar preços domésticos de gás e óleo. Ao tentar favorecer o consumidor, impedem investimentos que, por sua vez, reduzem a oferta e resultam em maiores preços.

Dizem que Einstein definiu insanidade como a insistência em continuar fazendo sempre a mesma coisa e esperar resultados diferentes. A política de preços argentina também poderia entrar para a lista de exemplos da nossa insanidade regional.

Exxon, Chevron, além da YPF, são algumas das empresas que estão se posicionando na Argentina visando Vaca Muerta, certamente com uma estratégica de longo prazo, quando, quem sabe, se restabeleça alguma sanidade regulatória no país.

BRASIL – *last but not least*.

Game changer, extraordinária, classe mundial, passaporte para o futuro. Esses são alguns dos predicados atribuídos à província do pré-sal brasileiro.

Não que seja a única, mas é especial. Temos no país inúmeras outras bacias, províncias, *plays*, mas até hoje nenhuma com riscos e prêmios comparáveis ao pré-sal.

O que faz o pré-sal especial é a extraordinária produtividade dos seus reservatórios carbonáticos, formados por minúsculas conchinhas – os microbialitos – que mesmo a profundidades formidáveis são capazes de produzir 20 a 30 mil barris de petróleo por poço, cerca de dez vezes a produtividade de um poço *offshore* considerado *normal*.

Como a construção de poços representa certa de 50% dos investimentos no desenvolvimento de uma descoberta, pode-se entender a surpreendente robustez econômica do pré-sal que, mesmo sob condições logísticas e operacionais extremas, é capaz de se justificar economicamente com preços de petróleo tão baixos quanto de US$ 45 por barril.

Além da resiliência econômica, o que também torna o pré-sal extraordinário é sua dimensão. Cerca de 40 bilhões de barris já são considerados tecnicamente descobertos – ainda muito trabalho e investimento serão necessários para transformar essas reservas técnicas em provadas – e apenas 70% da chamada província do pré-sal foi licitada.

Alguns estimam que a província pode conter reservas da ordem ou acima de 100 bilhões de barris. Um exagero? Ainda é cedo para qualquer estimativa conclusiva. Mas sabe-se que 40% de todo petróleo convencional descoberto no planeta nos últimos dez anos foi no pré-sal brasileiro, o que nos dá uma medida da sua dimensão e do desafio do seu desenvolvimento. E, novamente, da insensatez de se concentrar numa única empresa, por mais capaz que seja, a operação dessa extraordinária província.

É importante lembrar que, quando o Brasil se deu conta das dimensões da província do pré-sal, em 2005, chegou-se a se fazer projeções nas quais a produção de petróleo brasileiro atingiria 6 milhões de barris por dia em 2020. Meta ambiciosa, mas realizável, num ambiente aberto e atraente a investimentos.

Novamente, o país perdeu uma excepcional oportunidade ao optar por paralisar as rodadas de licenciamento e aumentar o grau de concentração e intervenção do Estado.

As projeções de produção em 2020 vêm declinando, ano após ano. Hoje se encontram estacionadas na faixa de 3 milhões de barris/

dia, metade da inicial, que muitos ainda consideram otimista, sem mudanças no ambiente regulatório.

O Instituto Brasileiro de Petróleo, Gás e Biocombustíveis (IBP) e a indústria há anos propõem uma agenda para restaurar a competividade e a retomada dos investimentos em exploração e produção no Brasil. Essa agenda recomenda o fim da obrigatoriedade da Petrobras como operadora única no pré-sal; um calendário de leilões de blocos exploratórios; uma política de conteúdo local qualificada, focada nas vantagens comparativas brasileiras, movida a incentivos, não a multas; maior previsibilidade nos processos de licenciamento ambiental; e estabilidade regulatória.

A implantação da agenda de mudanças para a indústria do petróleo exige coragem. Coragem para se reconhecer a exaustão de um ciclo marcado pela intervenção estatal, em prol de um novo modelo mais diversificado, competitivo e transparente. Coragem que não faltou a Getúlio Vargas quando, em 1953, deu início a um novo ciclo com a criação da Petrobras. Coragem de Ernesto Geisel com a criação do Programa Nacional do Álcool (Proálcool) e os contratos de risco, decorrências da crise do petróleo na década de 1970, que também marcam o fim de um ciclo. Coragem de Fernando Henrique Cardoso que, na década de 1990, abre o Brasil a investimentos privados no setor *upstream* e encerra o ciclo de monopólio da Petrobras.

Como escreveu Guimarães Rosa, "o que a vida quer de nós é coragem".

Muito obrigado.

Latin American Commodities Panel

Harvard University, April 14th 2014.

I would like to thank Fernando Sette for the invitation. I am thrilled by this opportunity to speak at the world-famous Harvard Business School and address this distinguished audience.

My contribution to this Latin American Commodities Panel will be focused – of course – on oil and gas.

In order to better understand the current scenario of oil and gas in Latin America, we have to start by positioning it into a broader global energy context.

Over the last, say, ten years, profound changes in the global oil and gas supply and demand balances have occured; these changes were not anticipated and took the industry by surprise. Two of them were the most relevant:

From the demand side, the global oil and gas gravity center moved from west to east. From the supply side, the American shale oil and gas qualifies as a revolution.

The American continent is at the epicenter of this new energy configuration: a new world-class oil and gas resources axis going from the Canadian oil sands all the way to the Vaca

Muerta formation, in Argentina. Are included here Brazil´s pre-salt province, the heavy oil of the Orinoco Belt in Venezuela, the sub-Andean gas deposits in Bolivia and Peru, and now Mexico opening its rich offshore and onshore basins to private investments.

All these new oil and gas resource plays in the Americas have in common its extraordinary size, low geological risk and complex development.

They also secure energy independence to the American continent, increases its economic competitiveness and opens new avenues for energy integration within the region.

It is interesting to note that all those economic and geopolitical results – energy independence, economic competitiveness, regional integration – are welcome and articulated by politicians. However, they were not driven by politics at all. They were driven by technology.

Horizontal drilling and hydraulic fracturing unlocked the so-called unconventional oil and gas revolution. New geophysical tools allowed the imaging of the ultra-profound pre-salt formation in Brazil, just to mention an example.

However, the pace of the development of these new oil and gas resources is essentially driven and dependent on politics and its impact on the country´s investment environment.

Countries best able to reduce political and regulatory uncertainty and offer a market-friendly environment will be the winners in the current Latin American investment options rich environment.

Using the Vaca Muerta formation in Argentina as an exemple, according to the International Energy Agency (IEA), due to its exceptional geological qualities, it has a potential to carry 800 TcF of gas and 30 billion barrels of liquids. However, due to the current political and policy volatility in Argentina, nobody expects it to be fully developed in the short or mid-term.

Forty percent of all conventional oil and gas resources discovered in the planet during the last ten years were found in Brazil – some 30 billion barrels of technical reserves. However, the Brazilian government decided that Petrobras would be the sole operator of that prolific pre-salt province. Petrobras is now overwhelmed by operational burden and government interference. As a result, its former production forecast for 2020 was now reduced from 6 to 4 million barrels per day. And yet, many analysts are skeptic on Petrobras ability to deliver it. The pre-salt province development will take much longer, unless Brazil change that sole-operator policy.

On the positive side, Mexico embarked on a wide range reform of its energy sector. In the oil and gas area, the Mexican reforms are similar to those implemented in Brazil twenty years ago. Although it´s still in its early days, I am quite confident it will be a success, unlocking probably some 20 billion barrels from the Gulf of Mexico, and even relevant unconventional resources onshore. As it stands today, Mexico is the most promising country in Latin America when it comes to attract exploration and production capital.

Based on their political and regulatory framework, it is possible to divide Latin America countries into two groups: the *Bolivarian* Venezuela, Argentina, Bolivia and Ecuador, were resource nationalism and above ground obstacles put away investments; and the *reformists*, such as Mexico, Colombia, Peru and Chile.

I like to believe Brazil is moving towards a *reformist* agenda.

Many thanks for your attention.

The Brazilian oil & gas industry at a crossroads

Offshore Technology Conference (OTC)
Houston, May 2nd 2016.

Thanks, Mr. Chairman.

In normal times, you would have a Brazilian minister here today. But as you may know, the situation in Brazil this week is anything but normal. In any case, it is a honor for me to address such a distinguished audience.

Brazil is at a crossroads, as much as its oil and gas industry. I will not attempt to explain the current political situation in my country, and make any prediction on its possible outcomes, as it would be beyond my capabilities. I will rather try to escape from current political uncertainties and share with you a vision of a future scenario for the Brazilian oil and gas sector.

The main message I would like to convey is that the Brazilian oil and gas sector is in flux, taking a new shape significantly different from what it used to be and still is today. In some areas we will enter quite unfamiliar territory. Overall, I am convinced the new scenario that is emerging from those crises will be more diverse, more competitive, healthier and friendlier to private investments.

Let me first introduce IBP [The Brazilian Institute of Petroleum, Gas and Biofuels], this great organization I have the honor to preside. Our mission is to promote the Brazilian oil, gas and biofuels sector. We like to call IBP *the home of our industry*. We have 170 associated member companies from the whole energy value chain: upstream, midstream and downstream.

It is during turbulent times, as those we are experiencing nowadays in Brazil, that IBP becomes even more relevant as it serves as a forum for debate and construction of a vision for the future of our industry. A vision I intend to share with you today.

However, before that, I would like to put the oil and gas industry within the Brazilian economic context.

Brazil is the seventh largest world economy, with a population of about 200 million people.

We are one of the world´s biggest producers of agriculture and extractive products, so you can realize how hard Brazil was hit by the end of the last commodities super cycle.

The oil and gas sector represent around 10% of Brazil´s GDP and it´s a very important element of our economy. And its importance is growing.

Brazil has a quite interesting energy matrix, almost half of it is renewable hydro and biomass energy.

Also worth noting is how natural gas is growing its share of that energy matrix. A significant share of that gas is imported. Brazil is today one of the largest importers of gas in the world.

During last year, most of the news and headlines coming from Brazil – and there was plenty of news – was not those we Brazilians had wished. Economic recession, corruption scandals, political crisis, presidential impeachment, and so on and so forth. This is certainly the worst political and economic crisis of Brazil´s modern history.

As if all those bad news were not enough, Brazil was hit by the end of the commodities super cycle and the collapse of oil prices. Those put together created what many analysts described as a *perfect storm*.

However, if you filter through that avalanche of negative news, you will find some signs as indicators of a new scenario taking shape, drivers for change towards a more diversified, competitive and investor-friendly oil and gas environment. A convergence towards the need to reform the regulatory framework governing the Brazilian oil and gas sector.

Undoubtedly, over the last ten years the Brazilian government took command and used the state company Petrobras as the main driver of our oil industry. Independently of its merits – or lack of it – that model is showing signs of exhaustion due to several factors.

One of those factors is a profound economic recession, the Brazilian enormous government fiscal deficit that limits the state intervention in the economy.

Another very important factor is the extremely difficult Petrobras financial situation, which limits its investment capacity to half what it used to be – from US$ 40 to US$ 20 billion annually – furthermore, Petrobras necessity to engage into a massive US$ 58 billion divestment plan in order to rebalance its finances.

Please note that Petrobras divestment plan has a double positive effect. It allows the company to fix its financial situation and restore its role as the main driver of the Brazilian oil and gas industry, and to open investment opportunities to other players.

As a result, Petrobras divestments and regulatory improvements that will have to be implemented to attract private investments are the two main drivers that will reshape the Brazilian oil and gas sector.

Many changes are taking place in Brazil, but one thing has not changed: the quality of the exploration potential of its subsurface. Brazil has today around 40 billion barrels of technical reserves yet to be developed, located mainly in this extraordinary pre-salt province.

Most of the global offshore oil and gas discoveries over the last ten years were made in Brazil.

The Brazilian pre-salt province is not only extraordinary by the sheer size of its fields and discoveries, but also by the fantastic productivity of its reservoirs. It has already reached production levels of around 1 million barrels per day, with an extraordinary average daily production of 20 thousand barrels per well. This extraordinary reservoir productivity guarantees the pre-salt play its economic robustness.

According to Petrobras and other operators, the pre-salt developments have an economic breakeven at around US$ 45 per barrel, and its economicity can be further improved if some regulatory burdens were removed.

However, despite its geological potential and economic attractiveness, Brazil clearly has not been able to attract exploration and production (E&P) investments proportionally to its exploration potential, even in a low oil price environment. Only less than 5% of the annual global E&P investments capital were directed to Brazil in the recent years.

A recent analysis made by Rystad Energy shows an interesting comparison between the evolution of investments in the American shale and in the Brazilian pre-salt. Both plays were unveiled approximately at the same time, ten years ago, with similar reserves and production potential. Since then, investments in the American shale have spiraled and outplayed Brazil, resulting in additional 5 million barrels being produced daily, compared to 1 million in the Brazilian pre-salt province.

The question that imposes itself is what Brazil needs to do to attract the investment capital its subsurface potential deserves?

These are the key issues that need to be addressed in order to foster the Brazilian E&P industry:

– We need to liberate Petrobras from the obligation to be the sole pre-salt province operator;
– Tax and regulatory stability;
– We need to streamline the environment licensing process;
– Regular licensing bid rounds;
– Liberalization of the gas markets.

This is an agenda which now finds its moment. I am glad to report that Brazil achieved some important progress in its regulatory framework. The Senate has approved the end of Petrobras' obligation to be the sole pre-salt operator; now this decision has to be approved in the Congress Lower House. If approved, it will allow Brazil to promote new pre-salt licensing rounds.

Probably the first bidding round that will be promoted as soon as the multiple operators issue is approved in Congress will be for blocks adjacent to discoveries that extend beyond their licensed blocks and need to be unitized.

This represents an opportunity to unlock US$ 100 to 120 billion in investments to develop some 8 to 10 billion barrels that are waiting for their unitization process to go through.

Brazil´s upstream sector is certainly an interesting investment opportunity, but it is not the only one. Brazil is the fifth largest market for petroleum products. Our mid and downstream sectors are also on the verge of profound transformation due to Petrobras' divestment on some of their mid and downstream assets and, as a result, the end of its monopolistic position in logistic and refining.

A study made by IBP mapped investment needs – or investment opportunities, if you like – in downstream infrastructure to be close to US$ 10 billion.

Those downstream opportunities won´t attract private investors unless some important changes are made in the mid and downstream sectors. The most important element of this new environment – currently dominated by Petrobras and, in the recent past, under strong government interference – will the liberalization of prices and free market conditions.

The same transformative movement, provoked by Petrobras sale of its assets, is already happening in the Brazilian gas value chain.

Petrobras has already announced its intention to sell its gas infrastructure and, as a result, that will provoke a complete transformation in the Brazilian gas market. It will evolve from a market totally controlled by Petrobras to one that will most likely resemble today´s European markets after their deregulation process. We from IBP are already debating all those changes, their implications, and constructing a vision and a new environmental regulation framework.

We intend to have this new vision of the mid and downstream sectors discussed at the upcoming Rio Oil&Gas Conference 2016. I also take the opportunity to invite everyone to come to Rio in October – just after the Olympics – to learn more about this new and exciting Brazilian oil and gas industry.

Thank you.

Hydrocarbon frontiers – What is the next game changer?

World Energy Forum (WEC), Istanbul, September of 2016.

Many thanks for the invitation. I really appreciate the opportunity to address this distinguished audience on the theme "Hydrocarbon frontiers – What is the next game changer?".

The Brazilian pre-salt province and the American unconventional resource plays, also known as shale oil and gas, are certainly the two most exciting and relevant hydrocarbon frontiers discovered in the last ten years.

Although in many aspects these two provinces are quite different from each other, they also have some characteristics in common, such as: both resulted from technological innovations that expanded our access to hydrocarbon resources that were considered out of reach, out of technological and economic feasibility.

The possibilities of extracting oil and gas by fracturing rocks in the USA or below the Cretaceous offshore salt layers in Brazil were already known by geoscientists, but would only be economically feasible at very high oil prices.

Here, the first point I would like to make is that a really significant new hydrocarbon frontier requires some kind of supply/demand unbalance that provokes a surge in oil prices to emerge.

Both the Brazilian pre-salt and the American unconventional shale oil and gas were the children of the last commodity super cycle.

It was the oil shocks of the 1970´s that opened up the deep-water exploration in the North Sea, Gulf of Mexico and Campos Basin in Brazil.

Once a new hydrocarbon frontier is conquered, the amazing innovative and learning capacity of our industry is put in place to reduce costs and improve the economics of those new hydrocarbon provinces. That is what is happening now in the pre-salt and American unconventional plays.

In the early days, no one would expect that these two plays would still be economic at oil prices below US$ 80 – in fact, no one expected that oil prices would drop below US$ 80 in 2014 –, now both provinces are showing an amazing resilience and economic robustness at oil prices even below US$ 50.

Again, thanks to technological innovation and, in the Brazilian case, the fantastic productivity of the pre-salt carbonate reservoirs that average 20 thousand barrels per well, in some cases reaching more than 40 thousand barrels per well.

For those who ask what would be the next game changer, I would say that, for a new hydrocarbon province to emerge, I believe we will have to wait for a new cycle of high oil prices, which is not expected to happen in the short to medium time frame.

We live in times of abundant resources and restricted budgets, which is not the right time to explore new frontiers. Companies are rather concentrating their efforts in reducing costs and improving productivity at their current core areas, instead of expanding the hydrocarbon frontiers.

I would like to make a last point, if I may. The importance of the regulatory framework for the emergence of a new hydrocarbon frontier. Again, the American unconventional and the Brazilian pre-salt plays offer good cases for comparison. Both provinces' potential emerged more or less at the same time during the last decade.

The American new frontier was explored in an open, diversified, private investment friendly environment, producing hundreds of operators and suppliers. Brazil decided otherwise, concentrating in Petrobras all its pre-salt operations.

Despite Petrobras being technological and operationally very competent, today the Brazilian pre-salt produces 1 million barrels/day – quite an achievement for a single operator – while in the same period the American shale surged to 7 million barrels/day.

About this theme of our regulatory framework, I would like to take this opportunity to bring you good news about my country. Brazil is changing for the better. Last week, Congress approved a new law that relieves Petrobras from the obligation to be the sole operator in the pre-salt province and we will have new exploration licensing rounds open to all next year.

In this positive note, I would like to thank you for your attention.

Advancing the Energy Transition in the Americas

World Strategic Forum of the Americas.
Coral Gables, April 20th 2017.

Many thanks for this invitation. It is an honor to participate in this panel and address such a distinguished audience.

The main themes of this 7th edition of the World Strategic Forum – Mastering Change, Reigniting Growth and, specially, of this session, Energy Transition – are all good descriptions of what is happening in Brazil today.

Brazil is transforming itself and for the better. The country is emerging cleaner and with its institutions strengthened from the worst economic, political and ethical crises in its history.

In the Brazilian energy sector, the current transformation that is taking place is also profound. The model that prevailed until recently, with strong state presence and intervention, has exhausted itself. Today, that is being progressively replaced by a business environment more diversified, competitive and driven by private investment.

When it comes to renewable energy, bear in mind that 41% of the Brazilian energy matrix is based on renewables, more than twice the world´s average, which is around 18%. 76% of Brazil´s electricity is generated by renewable sources, in comparison to 33% worldwide.

Most importantly, the share of Brazil´s renewable energy is expected to keep growing, reaching 46% by 2040. This is a target linked to Brazil´s government pledge at COP21 in Paris, which is to reduce greenhouse gas emissions by 43% by 2040, in comparison to 2005. That contraction of greenhouse emissions will be achieved mainly by the reduction in land use and deforestation, but the increase of renewables in the energy matrix will also be an important factor in achieving that target.

I would like to emphasize the expansion of non-hydro renewable energy sources in the energy matrix – that means biofuels, eolic and solar energy – which are expected to have grown by 30% in 2030.

An interesting aspect of the Brazilian model to foster renewable energy growth was to promote specific energy auctions for renewables, instead of offering special or subsidized tariffs.

In summary, the renewable energy is causing a structural change in the global energy sector. Brazil, due to its special climate and geographic characteristics, is a country where the renewable energy revolution will undoubtedly expand at a fast pace and offer plenty of opportunities.

An important side effect of that revolution, together with the global climate policies, is the message it conveys to the oil and gas industry: its time window is shortening.

It is becoming increasingly clear that a large part of the current oil and gas reserves may become stranded, as the planet is soon (perhaps in the next decade) reaching its peak demand for fossil fuels. Strategies such as delaying low cost oil production to sustain prices may not be smart anymore.

Thank you.

CONTEXTO IBP

Admiro os que têm o dom da oratória; não é o meu caso. Prefiro, por fazer melhor, comunicar-me por escrito. A presidência do Instituto Brasileiro de Petróleo, Gás e Biocombustíveis (IBP) é, essencialmente, um exercício contínuo de comunicação, tantas as oportunidades de interlocução com partes interessadas na indústria, tantos os convites para palestras em eventos, no Brasil e no exterior.

Sabedor das minhas deficiências, tenho por hábito preparar minhas palestras escrevendo previamente o que pretendo dizer. Um bom *improviso* me requer vários dias de preparo. Incluí neste livro textos que serviram de base para algumas das palestras que proferi.

Raramente faço uma apresentação lendo o que escrevi, salvo em discursos, como os que fiz na cerimônia de posse no IBP e na abertura da Rio Oil&Gas 2016, aqui incluídos.

Incluí ainda uma *Carta Imaginária de Helio Beltrão a Otto Perrone*, singela homenagem a esses dois grandes brasileiros e aos sessenta anos do IBP.

As palestras como presidente do IBP foram, geralmente, variações sobre o mesmo tema: a agenda da indústria do petróleo brasileira. Uma agenda liberal de mudanças voltada para o resgate da competitividade perdida na atração de investimentos globais para o setor de óleo, gás e biocombustíveis.

Discurso de posse na presidência do IBP

Museu de Arte Moderna do
Rio de Janeiro, março de 2015.

Eu quero iniciar agradecendo a presença de todos vocês que nos deram a alegria de vir esta noite ao MAM celebrar conosco esse momento de renovação do nosso Instituto Brasileiro de Petróleo, Gás e Biocombustíveis e, principalmente, prestigiar e homenagear as pessoas que fazem do IBP essa organização admirável que representa com tanta competência e credibilidade para a indústria do petróleo, gás e biocombustíveis.

Um agradecimento especial às autoridades aqui presentes que muito nos honram com suas presenças.

Meus agradecimentos os mais expressivos aos conselheiros do IBP – conselheiros estes que estavam há pouco neste palco recebendo a devida homenagem, cuja estatura pessoal e das empresas que representam vocês tiveram a oportunidade de constatar, e que dão uma medida da importância do IBP e do porquê o IBP é reconhecido como a *Casa da Nossa Indústria*. Quero agradecer ao Conselho pela confiança. Sinto-me extremamente honrado por vir a ocupar a presidência do IBP, uma posição que já foi de João Carlos De Luca, Otto Perrone, Eduardo Difini, Paulo Cunha, Plínio Cantanhede e Helio Beltrão.

Quero agradecer, de uma forma muito calorosa, ao João Carlos De Luca, que teve a ideia de me indicar para a presidência do nosso IBP. Esta a única ação de grande irresponsabilidade do João Carlos durante a sua longa e brilhante gestão do IBP.

Ao João, eu quero fazer mais que um agradecimento pessoal. Quero prestar uma homenagem em nome do IBP – e tenho certeza que falo em nome de todos que conheceram a sua militância em favor da nossa indústria do petróleo – pelos quatorze anos em que esteve à frente do IBP, período ao longo do qual desenvolveu um trabalho histórico.

A dedicação do João Carlos ao desenvolvimento da indústria do petróleo brasileira é sem igual nos 57 anos de história desta instituição. João liderou o Instituto em momentos decisivos da história recente da indústria do petróleo no Brasil e teve uma influência positiva e marcante no seu desenvolvimento.

Com a abertura do setor petróleo, o IBP se credencia como o principal interlocutor da indústria junto ao governo, e o Brasil se firma, cada vez mais, entre as principais nações produtoras de petróleo e de tecnologia *offshore*. O reconhecimento da relevância da nossa indústria no cenário mundial é atestado pela realização em 2002, no Rio de Janeiro, do Congresso Mundial do Petróleo, com João Carlos De Luca à frente do comitê organizador.

João Carlos teve e ainda tem papel essencial na consolidação do reconhecimento do IBP como uma associação de credibilidade e relevância, não apenas no Brasil, mas internacionalmente, de tal forma que hoje o IBP tem assento e representa a nossa indústria nos principais fóruns internacionais do setor, como a Offshore Technology Conference (OTC), o World Energy Council, o International Gas Union, a Society of Petroleum Engineers, e o prório World Petroleum Congress, para citar apenas algumas das mais importantes organizações internacionais.

Homenagear o João Carlos é também homenagear os profissionais da nossa indústria, que ele representa tão bem, profissionais desta e de outras gerações que construíram com muito trabalho, criatividade e dedicação essa extraordinária história de sucesso que é a indústria do petróleo brasileira.

Homenagear o João é também homenagear a ética do trabalho, a competência, a simplicidade, a correção, o exemplo e os valores profissionais e morais que ele praticou ao longo de sua brilhante carreira, valores e atitudes que fizeram dele a maior liderança da indústria do petróleo brasileira da minha geração.

João, você exerceu por quatorze anos a presidência do Instituto Brasileiro de Petróleo, Gás e Biocombustíveis, mas sua história neste instituto não acabou. Agora como conselheiro – conselheiro emérito, com todos os méritos –, queremos e precisamos contar com a sua experiência, sabedoria, bom humor, habilidade política e capacidade de conciliar divergências, administrar crises. Contamos também com a extensa rede de relacionamentos que você construiu, no Brasil e no exterior, com pessoas que o conhecem, confiam, respeitam e admiram, para nos ajudar a levar a indústria do petróleo brasileira a patamares ainda mais altos e vencer os imensos desafios que temos pela frente.

A nossa indústria vive hoje, claramente, um momento de crise, uma das mais sérias crises da nossa história. E à nossa profunda crise doméstica se soma a queda vertiginosa dos preços do nosso principal produto, o petróleo. Mas essa é uma indústria resiliente, que vem de longe. Não terá sido a primeira nem será a última crise que iremos atravessar.

Um sábio, amigo meu, diz que não se deve desperdiçar uma crise. As crises nos trazem de volta a humildade perdida durante a bonança. Reavaliamos desejos, ambições e os recalibramos de acordo com as novas forças da realidade.

A crise torna evidentes dependências mútuas e nos estimulam a abandonar trincheiras inúteis, a buscar acordos, compromissos, alianças que permitam sua mais rápida superação.

Durante as crises são testados os nossos valores e fundamentos básicos. Os da nossa indústria, tenham certeza, continuam sadios e vigorosos.

O potencial petrolífero brasileiro é de classe mundial: 40% de todo o petróleo convencional descoberto no planeta nos últimos dez anos foi no Brasil, principalmente nessa extraordinária, e ainda pouco explorada província do pré-sal, cuja escala das descobertas, produtividade dos reservatórios e robustez econômica continuam a nos surpreender.

Nossa indústria mantém ainda, com muito orgulho para os brasileiros, um lugar de destaque entre os principais polos de desenvolvimento e irradiação de tecnologias *offshore*, como atesta a outorga este ano o OTC Distinguished Achievement Award, maior prêmio concedido a uma empresa de petróleo por sua contribuição ao desenvolvimento tecnológico, que a Petrobras ganha pela terceira vez.

Nossa indústria tem a ainda o privilégio e o desafio de atender no Brasil a um mercado de 200 milhões de consumidores, ávidos por petróleo, gás e biocombustíveis, limpos, seguros e, claro, os mais baratos possível.

Diante do potencial petrolífero brasileiro, nossa capacitação tecnológica e a dimensão dos nossos mercados, tenho a convicção de que a indústria brasileira do petróleo sairá dessa crise. Talvez, inicialmente menor em tamanho, mas certamente mais leve e mais limpa.

Minhas senhoras, meus senhores, assumo a presidência do IBP inspirado pelo exemplo dos grandes brasileiros que me antecederam, com o espírito voltado para o diálogo construtivo com todos os interessados no desenvolvimento do setor nacional de petróleo, gás e biocombustíveis de forma competitiva, sustentável, ética e responsável, e com uma enorme confiança no potencial de crescimento da nossa indústria e da importância da sua contribuição para o progresso do Brasil.

Muito obrigado

Discurso de abertura da Rio Oil&Gas 2016

Rio de Janeiro, 24 de outubro de 2016.

Excelentíssimo senhor Michel Temer, presidente da República, governador Luiz Fernando Pezão, ministro Fernando Coelho Filho, ministro Dyogo Henrique de Oliveira, ministro Wellington Moreira Franco, governador Paulo Hartung, prefeito Eduardo Paes, Magda Chambriard, diretora-geral da Agência Nacional do Petróleo, Gás Natural e Biocombustíveis (ANP), Pedro Parente, presidente da Petrobras.

Quero inicialmente manifestar nossa alegria e nosso agradecimento pela presença de Vossas Excelências na mesa de abertura desta Rio Oil&Gas, presenças que muito nos honram e dão a medida – uma nova medida – da importância que o governo brasileiro atribui à nossa indústria do petróleo e gás.

Demais autoridades, conselheiros e diretores do Instituto Brasileiro de Petróleo, Gás e Biocombustíveis (IBP), senhoras e senhores.

Tenho ainda outros agradecimentos a fazer. Vou começar pelos nossos patrocinadores e expositores, que mesmo em tempos de orçamentos escassos, souberam valorizar e apoiar a Rio Oil&Gas, e, ao fazê-lo, demonstrar confiança no futuro dessa indústria e no de suas próprias empresas.

Um caloroso agradecimento às centenas de profissionais que se dedicaram à organização deste grande e complexo evento. Em especial: Renato Bertani, presidente do Comitê Organizador; José Formigli, presidente do Comitê Técnico; João Carlos De Luca, presidente do Comitê da Exposição; e Milton Costa Filho, que comandou a valorosa equipe do IBP.

Por fim, um não menos caloroso agradecimento a todos vocês, congressistas, palestrantes e expositores, que dão vida e razão a esta 18ª edição da Rio Oil&Gas.

Uma saudação especial aos que vieram de longe. A vocês eu garanto que, além de um extraordinário congresso, terão o prazer de conhecer um novo Rio de Janeiro, uma cidade que se reinventou e lavou sua alma durante as Olimpíadas, não é, prefeito Eduardo Paes?

Como se depreende do tema deste Congresso – "Caminhos para uma indústria do petróleo competitiva" –, competitividade será o nosso principal assunto e é a palavra que move a indústria, desde sempre, ainda mais após o imprevisto colapso dos preços do petróleo em 2014 e da formação de um certo consenso de que continuarão baixos por um bom tempo.

Vivemos tempos de recursos energéticos abundantes e orçamentos restritos, seletivos. Estamos todos tendo de rever conceitos, abandonar confortos, cortar na carne e, infelizmente, às vezes até no osso, para, neste novo cenário, recuperarmos a rentabilidade da nossa indústria e, com ela, a licença para investir e crescer.

Mas essa é uma indústria resiliente, que vem de longe. Não terá sido a primeira nem será a última crise que iremos atravessar. As crises nos trazem de volta a humildade perdida durante a bonança. Reavaliamos desejos, ambições e as recalibramos de acordo com as novas forças da realidade.

A crise torna evidentes dependências mútuas e nos estimula a abandonar trincheiras inúteis, a buscar acordos, compromissos e alianças que permitam a sua mais rápida superação.

Durante as crises são testados os nossos valores e fundamentos básicos; e os da nossa indústria, presidente Michel Temer, tenha certeza que continuam sadios e vigorosos.

Nossa indústria mantém, para justo orgulho dos brasileiros, lugar de destaque entre os principais polos de desenvolvimento e irradiação de tecnologias *offshore*.

O potencial petrolífero do Brasil é de classe mundial: 40% de todo o petróleo convencional descoberto no planeta na última década foi no Brasil, principalmente, mas não apenas, nessa extraordinária e ainda pouco explorada província do pré-sal, cuja escala das descobertas, produtividade dos reservatórios e robustez econômica continuam a nos surpreender.

Nesse sentido, presidente Temer, queremos agradecer o decisivo apoio de seu governo ao projeto de lei que elimina a obrigatoriedade da Petrobras operar e participar de todos os projetos na província do pré-sal. Como tem afirmado o presidente Pedro Parente, a mudança é boa para a Petrobras por liberá-la de uma obrigação; a mudança é boa também para a indústria, por permitir maior aporte de investimentos e diversidade inovadora; e é boa para o Brasil, que poderá decidir, de forma soberana, o melhor ritmo de desenvolvimento dessa formidável província e se beneficiar dos investimentos, empregos e arrecadação que irão proporcionar.

Aprendemos que o enfrentamento de crises e o desafio da competitividade demanda esforço conjunto dos produtores, da cadeia de fornecedores e do governo, em todos os níveis.

A recente tempestade que se abateu sobre nossa indústria, deixando um rastro de sondas inacabadas, estaleiros ociosos, milhares desempregados, bilhões desperdiçados em investimentos sem perspectiva de retorno, esperamos que, pelo menos, nos sirva de lição.

Competitividade não combina com voluntarismo; não se constrói uma indústria sadia com base em subsídios, artificialismos e proteções insustentáveis.

Porém, se não aproveitarmos a oportunidade que nos oferece essa extraordinária província do pré-sal – e cito apenas o pré-sal devido à sua dimensão e amplo horizonte de tempo de desenvolvimento – para elevarmos a nossa indústria local a um novo patamar e transformarmos o Brasil não apenas num importante produtor, mas também em competitivo exportador de bens, serviços e tecnologia *offshore*, de alto valor agregado, teremos desperdiçado a oportunidade de uma geração.

Ministro Fernando, a indústria apoia e aplaude a iniciativa do governo, liderada pelo Ministério da Indústria, Comércio Exterior e Serviços (MDIC) e com participação do seu ministério, de ouvir os diversos segmentos da indústria e suas associações para, a partir dos erros e acertos, desenhar uma nova política de conteúdo local. Qualificada, com foco nas vantagens comparativas do Brasil para gerar empregos sustentáveis e investimentos que insiram a presença brasileira nas cadeias produtivas globais. Uma política de governo baseada em incentivos, não em multas, que não implique em transferência de valor de produtores para fornecedores, que não se imponha como um ônus, um obstáculo aos investimentos, mas que antes os estimule e faça dos investimentos o principal fator de propulsão do desenvolvimento de uma indústria local dinâmica e competitiva.

Competitividade não combina com tributos regressivos que, ao incidir sobre investimentos, os afastam; daí a importância e urgência da extensão do regime especial do Repetro sem o qual nenhum novo projeto poderá ser sancionado, e sem o qual nossa indústria do petróleo não tem futuro.

Competitividade não combina com incertezas e instabilidades fiscais. Governador Pezão, confiamos na sua sabedoria e habilidade política, como também nas do governador Dornelles, para que possamos pacificar as divergências tributárias com o nosso querido estado do Rio de Janeiro, que a todos só prejudicam.

O tema deste Congresso é competitividade, mas o momento da indústria do petróleo, no Brasil e no mundo, é de transição. Mudanças que já se anunciavam há alguns anos se aceleraram de forma dramática. A migração do centro de gravidade dos sistemas de energia dos mercados maduros do Ocidente em direção aos novos mercados em rápido crescimento da Ásia. Novas tecnologias que permitiram verdadeiras revoluções, como a da produção de óleo e gás em reservatórios não convencionais, que estão transformando os Estados Unidos de maior importador em autossuficiente em petróleo e gás, com profundo impacto geopolítico global e na própria dinâmica de formação dos preços do petróleo. E, sobretudo, a COP21 (conferência sobre mudanças climáticas ocorrida em Paris em 2015), durante a qual os 195 países participantes deram uma notável demonstração de convergência política e uma sinalização inequívoca da transição para uma economia de baixo carbono.

Esse novo contexto de complexidade, incertezas e volatilidade crescentes, cujo principal combustível será a inovação, encontra o Brasil dando início a possivelmente uma das mais profundas transformações da história da sua indústria do petróleo e gás.

O plano estratégico traçado pela Petrobras, recentemente apresentado pelo presidente Pedro Parente, marca a volta da empresa ao bom caminho e define, com lógica e clareza, suas novas prioridades: segurança operacional, exploração e produção (E&P) em águas profundas e uma trajetória segura para a recuperação financeira da empresa. Diretrizes que, em decorrência do seu ambicioso plano de desinvestimentos, abrem oportunidades para novos investimentos e investidores, inclusive em mercados antes praticamente desconhecidos do setor privado, como nas áreas de gás, refino e logística.

A iniciativa Gás para Crescer, sob a liderança do Ministério de Minas e Energia (MME), em boa hora estabeleceu o espaço para o debate das diretrizes desse novo mercado para o gás, com base nas melhores práticas internacionais, competição e diversidade dos agentes, transparência e simetria de informações, e respeito aos contratos.

O Brasil é o quinto maior mercado mundial de combustíveis. Mercado que a Petrobras vem abastecendo há mais de sessenta anos com notável eficiência. No entanto, os tempos hoje são outros, a Petrobras é outra, e novos serão os desafios do abastecimento de combustíveis no país. Os investimentos necessários para a expansão da capacidade nacional de logística e refino – que tanto preocupam a diretora Magda – terão de ser feitos por investidores privados, em um novo ambiente de negócios e regulatório.

Presidente Temer, ministro Fernando, caberá ao vosso governo definir a visão e desenho regulatório para a abertura do setor *downstream* brasileiro, e assim, promover uma transformação que pode ser tão ou mais significativa quanto foi a abertura do setor de exploração e produção na década de 1990.

Quais serão os princípios básicos a nortear uma nova visão para o *downstream* brasileiro? Políticas efetivas que promovam e garantam liberdade de preços, tendo como referência o mercado internacional; livre oferta e acesso à infraestrutura logística; pluralidade de atores; competição e eficiência na alocação de recursos. Essas foram algumas das recomendações de especialistas reunidos no IBP para debater as condições necessárias para a atração do investimento privado e a garantia do abastecimento seguro e contínuo do mercado brasileiro.

Este ano, a Rio Oil&Gas abriga, pela primeira vez no Brasil, o Future Leaders Forum, evento do World Petroleum Council, organizado por jovens e para jovens petroleiros de todo o mundo.

Meus queridos jovens, futuros líderes desta indústria, serão para vocês as minhas palavras finais.

Sei que muitos de vocês estão questionando se vale a pena dedicar uma carreira, uma vida, a uma indústria tão volátil, que flutua em ciclos, ao sabor do preço de uma *commodity*, e que neste momento de baixa, ceifa impiedosamente o emprego de centenas de milhares de petroleiros, uma onda de demissões que atinge com ainda mais violência os jovens profissionais.

Muitos se perguntam se devem dedicar seus melhores anos de vida a uma indústria que, no julgamento de alguns, está entre os principais responsáveis pelos riscos e perigos das mudanças climáticas impingidas pelo homem ao planeta.

Eu lhes garanto que sim: vale a pena persistir, não desistir, continuar a se desenvolver profissionalmente numa indústria que mais uma vez ressurgirá renovada e ainda mais essencial para o progresso e bem-estar desta e das futuras gerações.

Eu lhes pergunto: que outra indústria lhes oferecerá o desafio – talvez o maior deste século – de conciliar oferta de energia segura e acessível, fundamental para a qualidade de vida – lembrando que temos ainda entre nós centenas de milhões de pessoas sem acesso nem mesmo ao conforto básico da eletricidade –, e viver essa grande transição que nos é imposta pelos limites do planeta e que deverá revolucionar a indústria de energia como a conhecemos?

Que outra indústria lhes oferece tantas oportunidades de criar, inovar e expandir limites tecnológicos? Tecnologias capazes de abrir novas fronteiras energéticas, de atenuar os impactos ambientais que causamos e responder às exigências regulatórias, cada vez mais rigorosas. Tecnologias que vão moldar a futura oferta e demanda de energia.

Que outra indústria, meus jovens, lhes oferece oportunidades de trabalho em geografias tão diversas, regiões tão remotas e exóticas? Uma indústria que oferece a tantos de nós o privilégio de trabalhar no Rio de Janeiro, certamente a mais linda e charmosa entre as tantas vibrantes capitais mundiais do petróleo.

Todos esses temas fascinantes – tecnologia, inovação, clima, geopolítica, governança, sustentabilidade, transparência e tantos mais – estão na programação desse nosso congresso, na voz de 140 palestrantes entre os mais qualificados da indústria.

Excelências e distintos congressistas, sejam todos muito bem-vindos à 18ª edição da Rio Oil&Gas. Desejo a todos um excelente Congresso, no qual, espero, o futuro do setor petróleo seja debatido e marque o início de um novo ciclo para a nossa indústria – ainda mais atraente, diversificado, competitivo e saudável – e um novo capítulo nessa extraordinária história de sucesso que é a indústria do petróleo brasileira.

Muito obrigado.

Carta imaginária de Helio Beltrão a Otto Perrone por ocasião dos sessenta anos do IBP

Copacabana Palace, 22 de novembro de 2017.

Prezado Perrone,

Você vai certamente estranhar receber uma carta minha a essa altura da vida – no meu caso a essa altura da morte –, mas saiba que daqui de cima acompanho com grande interesse as coisas no Brasil e na nossa gloriosa indústria do petróleo.

O papo aqui nas nuvens ficou ainda mais animado com a chegada dos queridos Zattar, Orfila, Marques Neto, Wagner Freire e Mauricio Alvarenga, que se juntaram à sucursal celeste do Instituto Brasileiro de Petróleo, Gás e Biocombustíveis (IBP), onde pontificam Leopoldo Miguez, Plínio Cantanhede, Carlos Walter, Décio Oddone – este, aliás, mal consegue esconder o orgulho de ver o neto brilhando à frente da Agência Nacional do Petróleo, Gás Natural e Biocombustíveis (ANP).

O assunto hoje foi o aniversário de sessenta anos do nosso IBP! Embora o tempo aqui em cima não faça o menor sentido, parece que foi ontem que fundamos esse instituto que nos enche de orgulho e que agora já pode pleitear carteirinha de idoso.

Mas idade não precisa nem deve ser algo ruim. Veja eu, por exemplo, que tive a sorte de me casar com uma arqueóloga. Assim, quanto mais velho eu ficava, mais a Maria gostava de mim.

Também o IBP vem ficando cada vez mais interessante com o passar do tempo. Quando o fundamos em 1957, você bem se lembra, o Brasil ainda estava embriagado pelas emoções da campanha "O petróleo é nosso", um período marcado por tantas esperanças, o sonho de nos tornarmos uma grande potência petrolífera, embora produzíssemos na época meros 27 mil barris por dia contra uma demanda nacional de 180 mil.

O Brasil precisava de tudo: petróleo, refinarias e, principalmente, de gente capacitada. Nossa ideia com o IBP era criar um fórum de debates que fosse além das áreas sob monopólio da Petrobras para disseminar conhecimento tecnológico, formar gente, preparar a indústria para o sucesso.

O sucesso demorou um pouco mas veio, e numa dimensão que nem o mais otimista de nós poderia imaginar. De um início marcado por grandes esperanças e muitas dúvidas, nos tornamos uma grande potência petrolífera e assumimos uma posição de vanguarda tecnológica no cenário internacional.

No entanto, a distância entre o que o Brasil é e o que poderia ser continua imensa. O potencial do nosso país é tamanho que certa feita me apareceu uma oportunidade e perguntei a Deus se Ele realmente é brasileiro, como comentam por aí. Ele deu uma risadinha, não confirmou, mas também não negou.

Inicialmente, como você bem sabe, o nosso IBP se firmou como uma instituição de natureza rigorosamente científica, onde se deixa de lado interesses antagônicos e empresários públicos e privados trocam experiências e buscam o consenso.

Quando da abertura do setor petróleo na década de 1990, que eu já acompanhei aqui de cima, foi sob o telhado seguro e a boa reputação do IBP que as novas empresas e investidores em E&P quiseram se abrigar.

Perrone, você como presidente do IBP na época fez muito bem em convencer os conselheiros que relutavam em aceitar incluir a defesa dos interesses da indústria entre as atribuições do nosso instituto e assim engajar o IBP nos debates e na formatação do novo modelo regulatório de um Brasil que se abria a investimentos privados no setor petróleo.

De produtor e provedor, o Estado passaria a regulador e fiscalizador. E o IBP, de uma instituição puramente técnica, passaria também a promotora de um ambiente de negócios aberto, diversificado e competitivo.

A sua fundação e toda uma história assentada na promoção do conhecimento, no desenvolvimento tecnológico, nas melhores práticas internacionais, foram fundamentais para a construção da credibilidade de que o IBP hoje desfruta, e é o maior legado que a nossa geração lhe deixou para o presente e o futuro.

Com a abertura do setor petróleo, o IBP se credencia como o principal interlocutor da indústria junto ao governo, e o Brasil se firma, cada vez mais, entre as principais nações produtoras de petróleo, e também de tecnologia e gente competente.

O reconhecimento da relevância da nossa indústria no cenário mundial é atestado inicialmente pelo primeiro prêmio conquistado pela Petrobras na Offshore Technology Conference (OTC) de 1992 e, mais tarde, pela realização em 2002 no Rio de Janeiro do Congresso Mundial de Petróleo, tendo o João Carlos De Luca à frente do comitê organizador do IBP.

Pode avisar ao De Luca que São Pedro me garantiu que, pelo que ele já fez no IBP e pela indústria, ele tem lugar reservado aqui no céu. Aliás, você também Perrone, por ter sido o pai, e agora promovido a avô, da gloriosa petroquímica brasileira.

Já o pessoal do *Petrolão*, que tanto nos envergonharam, estes também já têm uma recepção *calorosa* preparada para eles, não por

São Pedro, claro, mas pelo Chifrudo, o Príncipe das Trevas, tão *calorosa* que eles vão sentir saudades do frio de Curitiba.

Como sabe, Perrone, aqui de cima dominamos o presente, o passado e até o futuro. Já sei, por exemplo, o que vai acontecer com a Petrobras depois que o Pedro Parente sair. Mas não vou te contar.

Essa premonição é às vezes bastante aflitiva. Só agora vocês aí embaixo estão se dando conta de que a demanda por petróleo, em algum momento, vai deixar de crescer, e de que tudo tem limite, inclusive a capacidade da atmosfera do nosso lindo planeta azul para absorver o CO^2 que vimos emitindo. Aliás, o nosso planeta fica ainda mais lindo visto daqui de cima.

Você não imagina minha agonia, e a da turma do petróleo aqui no céu, diante da grandeza dessa extraordinária província do pré-sal; ver o Brasil deitado em berço esplêndido, adiando leilões, inventando complicações regulatórias, obstáculos fiscais, perdendo um tempo precioso. E o Roberto Campos, empunhando sua lanterna de popa, repetindo para todos ouvirem: "O Brasil não perde oportunidade de perder oportunidades".

Felizmente o Brasil acordou. Viramos essa página infeliz da nossa história. Veja o sucesso desses últimos leilões. Foi só remover a primeira camada do entulho regulatório acumulado nos últimos anos e o Brasil voltou a brilhar no cenário das grandes nações petrolíferas.

Que trabalho notável tem feito esse jovem ministro Fernando Coelho Filho. De Pernambuco, Leão do Norte. Tem um futuro político brilhante pela frente. Nisso, e apenas nisso, concordam Nilo Coelho, Miguel Arraes e Eduardo Campos, que chegou há pouco, prematuramente.

Muito bacana a ideia de reconstituir o grupo de Associados Eméritos do IBP, um panteão onde figurem grandes petroleiros e petroleiras para que sirvam de inspiração e exemplo às novas gerações. Além do mais, como canta o Nelson Cavaquinho, "é preciso dar as flores em vida, quando nos chamarmos saudades, queremos preces, e nada mais".

Mas, na verdade, o que queria te falar, Perrone, é do meu orgulho e de todos nós, os pioneiros, que participaram da fundação do IBP. Nosso Instituto já prestou muitos serviços à indústria do petróleo e ao Brasil, e quanto mais o país e a indústria progridem, mais relevante se torna o IBP, como um fórum no qual a nova geração de líderes se reúne para debater e ajudar a construir o futuro da nossa indústria.

Fico por aqui, mas antes peço que transmita um abraço bem forte ao meu querido amigo Paulo Cunha, ao Eduardo Difini, Shigeaki Ueki, Carlos Santana, Paulo Belotti, Tobias Cepelowicz e em nome do Álvaro Teixeira a todos esses valorosos companheiros do IBP.

Parabéns a todos vocês e aproveitem a festa. O IBP tem mesmo muito o que celebrar.

Abraços afetuosos,
Helio

FUTUROS CONTEXTOS

🌢

No futuro, as políticas de clima e inovações tecnológicas deverão ditar a intensidade, o ritmo das transformações e até mesmo a harmonia na geração e uso de energia no planeta.

Ambas, políticas de clima e inovações tecnológicas, terão consequências proporcionais aos sinais econômicos que vierem a transmitir.

A adoção de fontes de energia mais limpas, mudanças de hábitos de consumo e a preocupação com eficiência energética ficarão restritas a ações colaborativas de sofisticadas elites, concentradas em países nórdicos e no aprazível litoral californiano, se apresentadas apenas como alternativas ambientalmente louváveis, que apelam à consciência ecológica, mas de maiores custos para o consumidor.

Se não for estimulada economicamente, através de mecanismos de precificação, a transição para uma economia menos intensiva em carbono será bem mais lenta do que ambicionam as conferências mundiais de clima e recomenda a prudência no trato da atmosfera planetária.

Resta saber se seremos capazes de orquestrar, a tempo e globalmente, políticas efetivas de contenção de emissões de gases de efeito estufa, lembrando que 2/3 dessas emissões estão relacionadas a como produzimos e consumimos energia.

Os desafios que temos pela frente – oferecer energia segura e acessível a bilhões de pessoas, especialmente àquelas ainda em situação de exclusão energética, e contribuir para a transição a uma economia de baixo carbono – são provavelmente os maiores do nosso tempo. É incerto se seremos capazes de conciliar as demandas por acesso universal à energia, visando trazer bem-estar, prosperidade e redução de miséria para contingentes crescentes de pessoas e, ao mesmo tempo, limitar as emissões de carbono a níveis que diminuam os riscos de mudanças climáticas, hoje difíceis de quantificar. Esses desafios vão requerer soluções tecnológicas inovadoras e capacidade inédita de entendimento político global entre nações que vivem realidades culturais e econômicas muito distintas.

De acordo com a International Energy Agency (IEA), em um cenário conservador, a que batizou de Novas Políticas, a demanda energética global aumentará 30% até 2040. Mesmo com o crescimento exponencial da oferta e competitividade de fontes renováveis, principalmente a solar fotovoltaica e a eólica, creio que nossas melhores chances de atenuar os impactos ambientais da demanda progressiva de energia no curto e médio prazo estarão na produção farta e barata de gás natural – que poderá ultrapassar o petróleo e se tornar o principal componente da matriz energética mundial nas próximas décadas. Nesse contexto, o gás natural liquefeito americano atuará como principal agente de mudança dos mercados de energia, enquanto tecnologias digitais e inteligência artificial impulsionarão as instigantes mudanças que se anunciam no horizonte.

Carros autônomos e compartilhados, como forma das pessoas se locomoverem nas cidades, são exemplos fascinantes das mudanças à vista. A eletricidade se impondo – mais eficiente, tanto ambiental quanto economicamente – sobre os motores a combustão interna que tantos bons serviços vêm prestando à mobilidade humana. Será interessante observar essas mudanças – que, espera-se, ocorram com maior intensidade e velocidade nos países nos quais o alto teor de carbono da matriz energética polui o ar das cidades, como é o caso da China.

O Brasil, embora pródigo em recursos para geração de energia hidroelétrica, eólica e solar, deverá ser mais lento na eletrificação da mobilidade por depender de gás caro – seja produzido *offshore* ou importado – para compensar a intermitência estrutural das fontes renováveis, além de contar com oferta farta de biocombustíveis e uma infraestrutura de abastecimento já amplamente desenvolvida e amortizada.

Em todos cenários futuros minimamente realistas, o uso de energia fóssil será dominante por ainda muitas décadas, demandando investimentos anuais de cerca de US$ 600 bilhões apenas para compensar o declínio dos campos em operação e manter a atual produção mundial. É bom lembrar que consumimos no planeta anualmente cerca de 30 bilhões de barris de petróleo, o equivalente a toda a atual reserva da província do pré-sal, que precisam ser repostos no mercado todo ano apenas para sustentar o atual nível de consumo.

Não há, no entanto, porque se preocupar com escassez de petróleo. Está hoje descartada a tese do *peak oil* em que se exauria a capacidade do planeta de atender a demanda sempre crescente por petróleo. Essa tese é repetidamente desmentida por cometer o erro de desconsiderar avanços tecnológicos que tornam econômicas reservas de petróleo antes inviáveis ou inacessíveis, como as reservas em águas profundas e, recentemente, em reservatórios não convencionais.

Ao contrário, há hoje razoável consenso de que a abundância de recursos energéticos no planeta levará a um inexorável declínio nos preços do petróleo e permitirá uma transição para uma economia de baixo carbono, sem o fantasma de choques – apenas alguma volatilidade – e ameaças ao crescimento econômico global. Hoje, a dúvida é sobre quando atingiremos o pico de demanda e o início do arrefecimento do uso de hidrocarbonetos na geração de energia, após 150 anos de crescimento contínuo. Provavelmente, em poucas décadas (alguns acreditam que já na próxima), mas a verdade é que ninguém sabe ao certo, pois são muitas variáveis em jogo. Na verdade, a data do fim do crescimento da demanda por combustíveis fósseis, e início de um longo período de platô, nem é tão importante assim. Já a mudança da perspectiva de escassez futura (*peak oil*) para abundância (*peak demand*), sim.

A estratégia de redução da oferta para aumentar os preços do petróleo, adotada há décadas pelos países da Organização dos Países Exportadores de Petróleo (Opep) liderados pela Arabia Saudita, perde eficácia num ambiente de abundância em que o *shale oil* americano tem a capacidade de aumentar ou diminuir a oferta quase que instantaneamente em função do ritmo de perfuração de poços e se tornar, de fato, o produtor marginal.

Portanto, o cenário futuro em que se busca a redução das emissões de carbono e a universalização do uso de energia é, felizmente para nós consumidores, de abundância de oferta, opções e competição acirrada por clientes e investimentos.

O Brasil tem amplas condições de competir pelos imensos investimentos necessários para o abastecimento energético mundial e se tornar produtor relevante tanto de petróleo e gás quanto de energias renováveis.

Não faz o menor sentido, a não ser para os que têm a mente travada pela ideologia, impedir o desenvolvimento das nossas reservas de petróleo na esperança vã de acelerar o fim da era dos combustíveis fósseis. O encalhe das nossas reservas de petróleo servirá apenas para transferir para outros países e províncias os benefícios econômicos do aproveitamento dos seus recursos naturais.

São ainda muitas as oportunidades de aperfeiçoamento regulatório e tributário capazes de aumentar ainda mais a competitividade brasileira na atração de capital para sua indústria de energia. Em qualquer contexto futuro, no Brasil precisamos falar sobre a privatização da Petrobras.

Sempre defendi a tese de que o sucesso de uma empresa não depende da composição acionária, se estatal ou privada, mas sim, da visão estratégica das lideranças e de gente competente para executá-la. A Statoil, a Petrobras do meu tempo e a de hoje são exemplos que demonstram ser possível uma empresa estatal ter desempenho equivalente ao de uma empresa privada bem administrada.

Entanto, após acompanhar estarrecido o desmonte do trabalho de modernização da Petrobras liderado por Philippe Reichstul e a calamidade que se seguiu durante o ciclo de governos do PT, convenci-me de que, na prática, não é crível, nem possível, a blindagem da empresa contra interferências nefastas do acionista controlador. Infelizmente, estamos ainda longe do dia em que prevalecerá na cultura política do país o entendimento de que uma empresa estatal não pode servir a um projeto político, ou às suas lideranças.

Não é difícil imaginar os ganhos em agilidade e dinamismo empresarial, o salto de valor desta grande empresa uma vez liberta para sempre do peso da burocracia estatal, do custo de funcionários improdutivos (mesmo estes sendo uma minoria), do atraso da cultura corporativista e dos riscos de interferência indevida de governos e maus políticos.

A privatização da Petrobras poderia ser feita através de vários modelos – o proposto para a Eletrobras, que visa democratização na Bolsa através da redução do capital da União, e sem se permitir a formação de um grupo de controle, seria um caminho – mas, de qualquer forma, deverá ser precedida necessariamente pela ainda mais importante e urgente abertura dos monopólios remanescentes, como os que ainda existem nos mercados de gás natural, logística e refino.

A abertura dos mercados de gás natural está bem encaminhada, graças aos desinvestimentos da Petrobras e da nova legislação resultante da iniciativa Gás para Crescer, que inicialmente vem favorecendo negociações diretas entre produtores e grandes consumidores. Alguns anos à frente, ela permitirá, como já acontece em alguns países mais desenvolvidos, que mesmo consumidores residenciais possam escolher quem irá lhes abastecer de gás natural, ou mesmo de energia oriunda de outras fontes.

Resta saber quem irá se apropriar dessa estratégica interface com o consumidor final e oferecer um cardápio de soluções energéticas com diferentes custos e benefícios, tanto econômicos quanto ambientais. Serão as tradicionais empresas de energia ou as emergentes empresas de tecnologia digital? Elas virão de fusões e combinações ainda não concretizadas? Quaisquer que sejam os contendores, a disputa pelos mercados de energia irá continuar renhida, em benefício do consumidor e, se tivermos juízo, também da atmosfera do planeta.

As incertezas quanto ao futuro da indústria do petróleo/energia são muitas, mas é certo que ela continuará proeminente em qualquer contexto futuro. Reinventada, talvez irreconhecível, sempre imprescindível.

No Brasil, estou convencido de que a marcha em direção a um ambiente mais aberto, diversificado e competitivo no setor petróleo e de energia é irreversível. Poderá variar o ritmo, mais lento ou mais acelerado, em função da tendência ideológica que prevaleça nos próximos ciclos presidenciais – se liberal/reformista ou populista/nacionalista. Marcha sempre sujeita a idas e vindas, passos para frente e para trás, como tem sido nosso histórico recente, comum a jovens democracias.

Em qualquer dos cenários, lideranças minimamente pragmáticas hão de se dar conta – embora talvez algumas não o reconheçam publicamente – de que o crescimento da nossa indústria de óleo, gás e energia, e todo o seu potencial de geração de empregos, benefícios e arrecadação, não pode ficar limitado à capacidade de investimento estatal e que, portanto, há que se promover as condições para que o Brasil atraia investimentos privados na proporção das suas imensas potencialidades naturais. Com a janela da indústria do petróleo se encurtando e a competição por investimentos se acirrando, vamos precisar como nunca de lideranças políticas e empresariais modernas, com visão de futuro e sentido de urgência.

Estamos entrando em uma fase de transição para uma economia de baixo carbono, com novas fontes de energia, renováveis ou oriundas de reservatórios não convencionais, com outras formas de utilização eficiente de energia, para a mobilidade e nas residências. Faz-se necessária uma evolução das políticas regulatórias, voltadas para o amanhã, em sintonia com as novas tecnologias, predominantemente digitais, pois muitos são os desafios e demandas da sociedade, cada vez mais qualificada pelo conhecimento. Faz-se necessária também a abertura dos mercados de energia no Brasil, dentro de uma economia crescentemente global, bem como o fim dos monopólios, cartórios, e a privatização de ícones estatais como a Eletrobras e, quem sabe no futuro, a Petrobras. Estou convencido de que já ingressamos em uma nova era, no Brasil e no mundo, que irá representar a maior transformação da história dessa extraordinária indústria de petróleo e energia.

A agenda do futuro

Casa das Garças, 22 de setembro de 2017.

CONTEXTO: A linda Casa das Garças, reduto de pensadores predominantemente liberais, onde pontificam expoentes da intelligentsia brasileira como Pedro Malan, Arminio Fraga, Gustavo Franco, José Luiz Alquéres, Elena Landau, Pio Borges e Rogério Werneck, sob o doce e sereno comando do professor Edmar Bacha. Lá prevalecem as regras da Chatham House sobre as quais, para estimular franqueza e abertura na troca de ideias, os participantes se comprometem a manter sigilo sobre as opiniões emitidas. Não as violarei publicando o que lá apresentei como uma visão de agenda do futuro para a indústria. Uma agenda ambiciosa, capaz de levar o Brasil a um novo e merecido patamar como destino de investimentos globais no setor de óleo e gás.

Meus agradecimentos ao Pio Borges e ao professor Edmar Bacha pelo convite.

É sempre um prazer participar dos eventos nesta Casa das Garças e uma honra falar para tão distinta plateia, em tão ilustre companhia.

Essa é a quarta vez que tenho o privilégio de falar nesta Casa, a última há pouco mais de um ano, em abril do ano passado, junto com meu amigo Adriano Pires.

Embora ambos pregássemos mudanças no setor petróleo muito em linha com as que ocorreram, nenhum de nós naquela época poderíamos imaginar que viriam como vieram, através de um governo que, aparentemente, tira da vulnerabilidade política a força e a coragem para promover a tão necessária transformação do ambiente regulatório e de negócios nesse setor.

Quero iniciar fazendo o registro da relevância das reformas que este governo vem promovendo e, em especial, esse jovem ministro pernambucano, Fernando Coelho Filho, que vai deixar um legado impressionante.

Posso dizer que estive com todos os ministros de Minas e Energia desde Aureliano Chaves e vos digo: o atual é o melhor, tanto pela visão moderna de mundo, disposição ao entendimento e diálogo, quanto pela capacidade de execução.

Entre as ações deste ministro que merecem nosso elogio está a qualidade dos executivos que nomeou para a interlocução com a indústria, entre os quais destaco o meu hoje colega de mesa e amigo de longa data Décio Oddone.

Entre os tantos desafios de liderança que o Décio já enfrentou, a Agência Nacional do Petróleo, Gás Natural e Biocombustíveis (ANP) é, sem dúvida, o mais complexo e de maior relevância. E ele está se saindo brilhantemente.

Teremos uma medida do quanto os avanços e reformas que este governo vem promovendo irão se traduzir em novos investimentos nas próximas rodadas de licitação de blocos exploratórios que se reiniciam agora, no final deste mês.

Entanto, uma das principais mensagens que eu quero hoje lhes transmitir é que, mesmo que essas rodadas sejam um sucesso – e todos esperamos por isso –, mesmo assim o Brasil tem ainda amplas oportunidades de reformas estruturais que poderão fazer o país ainda mais competitivo na atração de capital para a sua indústria de óleo e gás.

Olhando à frente, nós no Instituto Brasileiro de Petróleo, Gás e Biocombustíveis (IBP) enxergamos duas janelas de oportunidade: uma de curto prazo, capaz de durar até meados do ano que vem, quando começa o debate eleitoral que deve, se não paralisar, certamente desacelerar a capacidade de execução de reformas deste governo, mas que devemos aproveitar ao máximo. Entre as de maior impacto e relevância, destacam-se:

– A resolução da questão da cessão onerosa entre governo e Petrobras, que envolve bilhões de barris descobertos, prontos para dezenas de bilhões de investimentos em desenvolvimento da produção.

– A nova legislação decorrente da iniciativa Gás para Crescer, que marca o início da abertura do setor de gás natural.

– A flexibilização das regras de conteúdo local, mais especificamente da cláusula de *waiver* que pode desobstruir dezenas de projetos e bilhões em investimentos.

Hoje quero lhes falar da Agenda do Futuro, uma agenda de longo prazo que começamos a desenhar num recente encontro de planejamento estratégico do IBP.

Essa agenda visa a próxima janela de oportunidade que se inicia já no debate eleitoral do ano que vem quando poderemos levar aos candidatos temas capazes de conduzir a indústria brasileira do petróleo a um novo e mais alto patamar. Uma agenda ambiciosa, que não se sinta limitada por nada, com a perspectiva de implantação nos próximos anos, em um novo ciclo presidencial. Esta agenda ainda não foi sancionada no IBP, portanto, traduz uma leitura ainda muito pessoal.

Vejo cinco temas como os de maior impacto estratégico:

1 – A reforma do modelo tributário

Não necessariamente uma redução dos tributos – que, claro, também seria muito bem-vinda, assim como sua simplificação –, mas principalmente a migração do peso dos tributos das fases iniciais para que se concentre sua incidência sobre os lucros dos projetos, e não sobre os investimentos e produção. Reformar a atual tributação que penaliza ainda mais projetos de menor porte e economicidade, como campos em fim de vida. Essa é a principal recomendação de um recente estudo que o IBP encomendou à consultora Wood Mackenzie, que comparou globalmente a competitividade do Brasil na atração de investimentos para o setor *upstream*. Vale destacar o exemplo da

Noruega, que apesar de já província petrolífera madura, se destaca como um dos países mais competitivos na atração de investimentos. Lá um projeto econômico antes dos impostos também o será após, já que os 78% de tributação incide integral e exclusivamente sobre os lucros dos projetos. E parte desses impostos retornam aos investidores na forma de estímulos à exploração e inovação tecnológica.

2 – Aperfeiçoamento do licenciamento ambiental

Essa é uma questão crítica para a indústria. Para dar um exemplo e uma medida da dimensão do problema, dos 41 poços exploratórios compromissados na 13ª Rodada de Licitação, realizada em 2013, pelos quais as empresas vencedoras pagaram R$ 2,8 bilhões de bônus para assumir a obrigação de perfurá-los, nenhum ainda obteve licença de perfuração, mesmo passados quatro anos após o leilão.

Portanto, de nada adiantará a ANP promover licitações anuais se não conseguirmos transformar os compromissos assumidos nas rodadas em sísmica, poços e investimentos exploratórios.

Os problemas no licenciamento ambiental são vários: de governança, de recursos, de legislação. Mas é preciso analisar a questão do licenciamento ambiental além e acima das limitações do Instituto Brasileiro do Meio Ambiente e dos Recursos Naturais Renováveis (Ibama).

Talvez a criação de um Conselho de Política de Meio Ambiente, a exemplo do Conselho Nacional de Política Energética (CNPE), para o qual o Estado defina as áreas e as condições nas quais interessa ao Brasil a exploração de petróleo. Promoveria-se, previamente aos leilões, os estudos ambientais, as consultas públicas às comunidades e os termos de referência, de modo a reduzir o escopo e a discricionariedade do Ibama na emissão das licenças que dependeriam apenas da comprovação da qualificação das operadoras para as condições exigidas, os planos de emergência etc. Um processo menos burocrático, mais objetivo, qualificado e previsível de licenciamento ambiental, como é feito nos países mais avançados e cuidadosos com o meio ambiente.

3 – Desenvolvimento sustentável da indústria local

O Brasil tem minimamente de 20 a 30 bilhões de barris a serem desenvolvidos e entrarem em produção nos próximos dez a quinze anos. Poucos países tiveram, como temos, condições tão favoráveis – pela escala dos projetos e horizonte de tempo – para o desenvolvimento de sua indústria local de equipamentos e serviços para o setor de óleo e gás.

Infelizmente, nos últimos anos tentou-se políticas equivocadas, repetindo erros do passado, que deixaram um rastro de estaleiros ociosos, sondas inacabadas, bilhões de reais desperdiçados em investimentos sem perspectiva de retorno, milhares de desempregados e prejuízos incalculáveis para a indústria e o país.

Políticas visando unicamente reservas de mercado, sem qualquer estratégia de aumento de produtividade – que, de fato, vem sendo corroída ao longo dos últimos anos, causando perda de competitividade e desindustrialização, apesar de todo esforço e custos da proteção. Essas políticas causaram imensa perda econômica para o país, por reduzirem ou impedirem investimentos. O veneno do protecionismo causou enormes prejuízos, inclusive, e principalmente, para os empregos e a indústria nacional que elas pretendiam proteger.

Mas vamos deixar para trás os erros do passado. Hoje quero lhes falar do Conteúdo Local do Futuro.

O pré-sal é hoje a província que mais tem a ganhar e mais oportunidades a oferecer para o desenvolvimento de inovações para a indústria *offshore*, tornando o Brasil a plataforma ideal para construção, difusão e exportação dessa tecnologia no futuro.

Foi com foco em inovação que a Noruega desenvolveu sua indústria. O excepcional desenvolvimento da produtividade da agricultura brasileira também se deveu ao apoio do governo, através da Empresa Brasileira de Pesquisa Agropecuária (Embrapa), ao seu desenvolvimento tecnológico.

Além de voltada para as demandas do futuro, cada vez mais digital, uma política qualificada de conteúdo local precisa de foco. Ela necessita incentivar e valorizar segmentos em que o Brasil já tenha ou possa adquirir competitividade internacional, sendo ao mesmo tempo simples e estruturada com base em incentivos, não em penalidades, promovendo assim a inserção dos fornecedores brasileiros nas cadeias globais de valor. Ela deve favorecer investimentos, nunca se tornar um obstáculo à atração de capital.

4 – Simplificação do modelo regulatório

Por incrível que pareça, hoje no Brasil se trabalha com quatro tipos de contratos: concessão, partilha, cessão onerosa e excedente da cessão onerosa.

Imaginem a dificuldade de desenvolver um campo de petróleo que se estenda por blocos com tantos tipos de contratos, cada um com suas especificidades, distintos regimes tributários, regras de conteúdo local etc.

É espantosa nossa capacidade de nos enredarmos em complexidades, burocracias, custos desnecessários. O modelo de partilha em si não representa um obstáculo aos investimentos. Entanto, como os custos de exploração e desenvolvimento são transferidos para o Estado, os investidores têm menos estímulos à otimização. E ainda se produziu mais uma estatal – no caso, a Pré-Sal Petróleo S.A. (PPSA) – para auditar custos, interferir nas decisões, criar atrasos, incertezas, riscos e custos absolutamente desnecessários.

A multiplicidade de tipos de contratos é apenas um exemplo entre tantas oportunidades de simplificação do modelo regulatório e ambiente de negócios no setor petróleo brasileiro.

5 – Abertura dos monopólios no gás, refino e logística

O fim gradual, e tardio, dos monopólios da Petrobras nos setores de gás, refino e logística serão certamente as mudanças de maior impacto no ambiente de negócios do nosso setor petróleo. Elas não foram iniciativas de governo, mas sim, decorrências do reposicionamento e plano de desinvestimentos da Petrobras.

A abertura dos setores de *midstream* e *downstream* não será um processo rápido – a abertura do setor de gás na Europa consumiu muitos anos –, nem livre de resistências corporativas e ideológicas. Afinal, a Petrobras vem abastecendo o país com admirável competência – existe hoje toda uma complexa estrutura empresarial no seu entorno que aprendeu a operar e prosperar nesse ambiente.

No entanto, não faz o menor sentido o quinto maior mercado consumidor de derivados de petróleo ser abastecido por uma única empresa. Os benefícios da maior diversidade, competitividade e transparência hão de prevalecer no médio prazo.

A principal alavanca da abertura no setor *downstream* será a profundidade do plano de desinvestimentos da Petrobras e da garantia – de mercado, independente do governo de plantão – de que haverá liberdade de preços.

Para concluir, é preciso ter em mente o sentido de urgência na execução dessa agenda de mudanças. Embora, parafraseando Mark Twain, as notícias do fim da indústria do petróleo sejam prematuras, não resta dúvida de que sua janela de existência está encurtando. Já perdemos muito tempo. Nesse sentido será muito importante trazermos essa agenda para o debate eleitoral do próximo ano e torcer para que ventos liberalizantes prevaleçam no próximo ciclo presidencial para que essa nossa imensidão de recursos naturais e mercados de petróleo e gás se transformem em riqueza, investimentos, empregos, arrecadação e, principalmente, energia para o bem dos brasileiros.

Muito obrigado.

Saídas para o Brasil: óleo e gás

Jorge M. T. Camargo e Homero Ventura

CONTEXTO: O ex-ministro João Paulo dos Reis Velloso conduz, há trinta anos e com admirável persistência, o Fórum Nacional no qual, através da sua capacidade de convocação, reúne autoridades governamentais e especialistas para debater os principais temas da agenda econômica brasileira. E vai além, incluindo estudos e reflexões sobre questões sociais, culturais e até espirituais. Esse artigo, escrito em parceria com Homero Ventura, foi publicado no livro Recessão, crise estadual e da infraestrutura: Para onde vai a economia brasileira, coordenado por Raul Velloso, que reúne contribuições dos participantes do XXIX Fórum Nacional.

O setor de óleo e gás representa, sem a menor dúvida, uma das mais importantes plataformas de geração de investimentos, empregos e valor à disposição do Brasil. Portanto, ele se apresenta como uma saída para soerguer o país abatido pela mais profunda recessão da sua história econômica. Movido essencialmente pelos preços dos seus produtos (o petróleo e seus derivados), o setor não depende da retomada do crescimento da economia – podendo, portanto, funcionar como estimulante e acelerador da recuperação econômica – e é menos suscetível a instabilidades políticas conjunturais, como as que hoje vivemos, por mirar retornos de longo prazo.

As saídas são várias ao longo de toda a cadeia de óleo e gás: exploração e produção, logística, refino, distribuição. Neste artigo, analisaremos o potencial e os obstáculos a cada uma dessas saídas, dentro de um contexto internacional também em transformação.

O Contexto Internacional

São profundas as transformações por que passa o setor petróleo, e a indústria da energia de modo geral, em todo o mundo. As políticas de clima, os compromissos assumidos na COP21 em Paris, a emergência dos combustíveis renováveis, que ganham cada vez mais escala e competitividade, a perspectiva do pico de demanda de combustíveis fósseis, previsto já para a próxima década, a abundância generalizada de recursos energéticos que conduz à perspectiva de baixos preços de petróleo por um longo período.

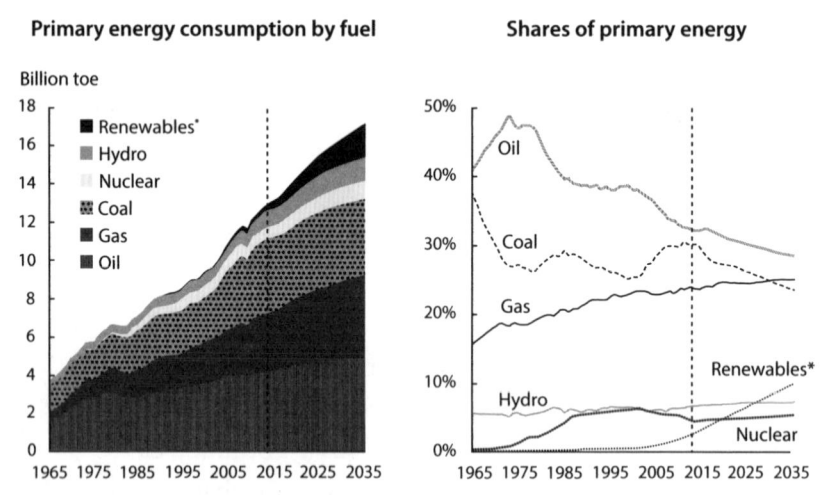

Primary energy consumption by fuel

Billion toe

*Renewables includes wind, solar, geothermal, biomass, and biofuels

Shares of primary energy

BP Energy Outlook 2017

O *BP Energy Outlook* aponta para um importante crescimento da participação das energias renováveis na matriz mundial até 2035, acompanhado de um aumento também expressivo do gás natural. Entretanto, o petróleo segue crescendo em volume.

Essas transformações vão ao encontro do famoso trilema da energia, definido como a busca de segurança, acessibilidade e sustentabilidade energética. O que antes se apresentava como objetivos impossíveis de serem atingidos simultaneamente, hoje parecem de mais próximo alcance. A atual variedade de fontes de energia, agora acrescidas de fontes antes de menor materialidade e potencial pouco conhecido, como eólica, solar, óleo e gás de reservatórios não convencionais, garantem maior diversidade e segurança de abastecimento e, ao mesmo tempo, maior sustentabilidade ambiental, deslocando fontes de maior impacto ambiental por emissão de gases de efeito estufa, como carvão e petróleo. A abundância de oferta produziu o colapso dos preços do petróleo.

Segundo o *BP Energy Outlook*, as reservas globais de petróleo mais que dobraram nos últimos 35 anos. Ou seja, para cada barril de petróleo consumido, dois novos barris de petróleo foram descobertos. Ainda de acordo com o estudo do *BP*, o planeta detém hoje cerca de 2,6 trilhões de barris de petróleo tecnicamente recuperáveis. Mesmo nos cenários mais conservadores, cenários que não consideram como factíveis as metas estabelecidas na COP21 (que limitariam o aquecimento global a 2ºC), a demanda cumulativa de petróleo até 2050 ficaria em torno de 1,2 trilhões de barris, o que significa menos da metade das reservas hoje conhecidas.

Portanto, ainda que todos os cenários futuros de demanda de combustíveis fósseis, construídos com alguma sustentação analítica, apontem a presença e importância do petróleo como a fonte energética dominante nas próximas décadas, é hoje visível, mais do que nunca, o início do seu declínio e a inexorabilidade do encalhe de parte das reservas de petróleo hoje contabilizadas.

Global proved oil reserves
Trillion barrels

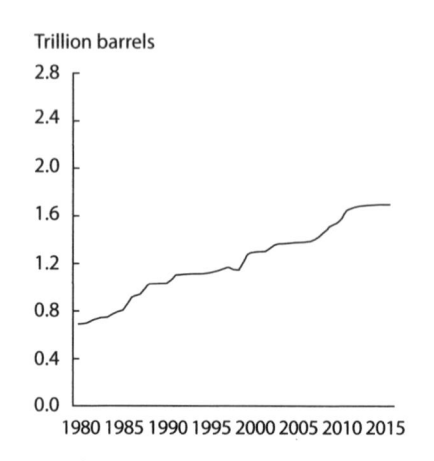

Estimates of technically recoverable resources and cumulative oil demand
Trillion barrels

Europe, Asia, Africa, S&C America, N America, CIS, Middle East

Technically recoverable resources | Cumulative demand (2015-2035, 2015-2050)

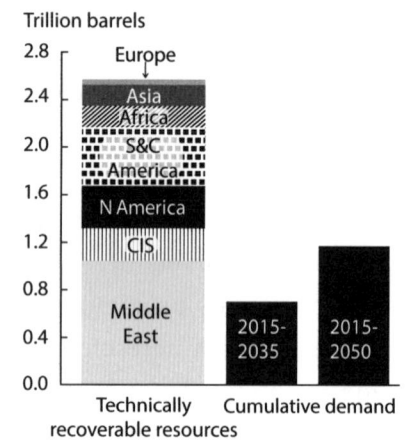

BP Energy Outlook 2017

É importante ressaltar que o eventual futuro encalhe de reservas de petróleo não afeta presentemente o valor das empresas de petróleo, que são valoradas pela projeção de produção e receitas futuras num horizonte não tão distante, geralmente algo em torno de dez anos. No entanto, para os países produtores e detentores de reservas de hidrocarbonetos, a perspectiva de encalhe de reservas de petróleo poderá implicar em mudanças de comportamento iminentes. A estratégia de países produtores de petróleo de menor custo, como os do Oriente Médio, de ceder mercado e adiar a produção de suas reservas para sustentar ou elevar preços, pode estar se exaurindo. Ainda mais agora que o *shale oil* americano passou a desempenhar, de fato, o papel de produtor marginal e a capturar parcelas crescentes de mercado assim que o preço do petróleo ultrapassa a barreira dos US$ 50 por barril.

Upstream

O potencial exploratório do Brasil é reconhecido mundialmente. Temos essa extraordinária e ainda pouco explorada província do pré-sal, cuja escala das descobertas, produtividade dos reservatórios e robustez econômica continuam a nos surpreender. Já perdemos muito tempo; foram anos adiando leilões e construindo obstáculos regulatórios ao desenvolvimento das nossas reservas de petróleo. Roberto Campos já dizia que o Brasil não perde a oportunidade de perder oportunidades.

Felizmente, o Brasil acordou. Já tivemos um leilão para campos marginais, e teremos no ano ainda três leilões, dois incluindo blocos no polígono do pré-sal e um para áreas tradicionais do pós-sal. E, atendendo a um pleito de previsibilidade da indústria, a Agência Nacional do Petróleo, Gás Natural e Biocombustíveis (ANP) já anunciou mais seis leilões nos próximos dois anos, para múltiplas áreas de interesse, que atrairão empresas de todos os portes.

Outros sinais importantes foram a revogação da obrigação da Petrobras de ser a única operadora no polígono do pré-sal e a flexibilização das obrigações de conteúdo local. O governo reescreve a Política de Exploração e Produção de Óleo e Gás Natural e chama a opinião dos principais agentes dessa indústria, que pode ser o principal vetor de recuperação econômica do país. Gradualmente, o governo vem removendo os entraves regulatórios para o Brasil transformar esse extraordinário potencial geológico em investimentos, empregos, receitas governamentais e crescimento econômico.

A queda nos preços de petróleo teve efeito demolidor no ritmo de investimentos em todo o mundo, e no Brasil não foi diferente. Em exploração, a queda foi de 25% ao ano entre 2015 e 2016, contribuindo para o refreamento do nível de reservas nacionais, também afetadas pela menor viabilidade econômica advinda do baixo patamar de preços. As reservas provadas de óleo e gás caíram a 15 bilhões de boe (barris de óleo equivalente) ao final de 2016, 20% inferiores ao nível alcançado dois anos antes.

Entretanto, o potencial das reservas técnica e economicamente recuperáveis no Brasil continuam atraentes para o investidor mesmo num cenário de baixos preços de petróleo, desde que um ambiente de negócios favorável se estabeleça. Nosso potencial petrolífero é de classe mundial. O país vem liderando a descoberta de recursos em

Evolução reservas provadas no Brasil
(em bilhões de boe)

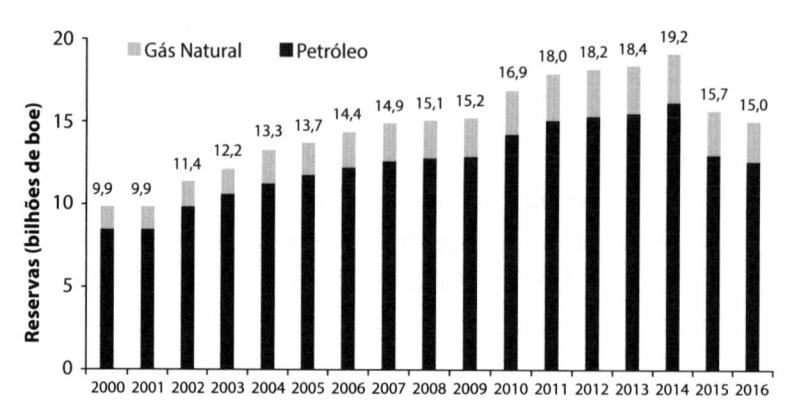

Ano	Gás Natural + Petróleo (bilhões de boe)
2000	9,9
2001	9,9
2002	11,4
2003	12,2
2004	13,3
2005	13,7
2006	14,4
2007	14,9
2008	15,1
2009	15,2
2010	16,9
2011	18,0
2012	18,2
2013	18,4
2014	19,2
2015	15,7
2016	15,0

Nota: inclui condensado. Reservas provadas (1P)
Fonte: Elaboração IBP com dados da ANP

águas profundas e ultraprofundas na última década, com seus dois principais horizontes – pré e pós-sal –, ocupando as duas posições de maior destaque entre as principais ocorrências no mundo segundo a IHS Markit. Cerca de 40% de todo o petróleo convencional descoberto no planeta na última década pertence ao Brasil.

Outro potencial se apresenta no campo dos recursos não convencionais. De acordo com o relatório publicado em 2013 pela Advanced Resources International (ARI) a pedido da U.S. Energy Information Administration (EIA), é reconhecido um volume ainda intocado de cerca de 250 TcF de *shale gas* e 5 bilhões de barris em *shale oil* em três de nossas bacias sedimentares. Entretanto, após a 12ª Rodada de Licitações de 2013, houve uma forte oposição à atividade de fraturamento hidráulico no país, operação fundamental para a extração de hidrocarbonetos em reservatórios não convencionais. Ocorreram ações civis públicas e manifestações pela proteção à contaminação de aquíferos, ainda sem o devido conhecimento dos impactos ambientais reais da atividade.

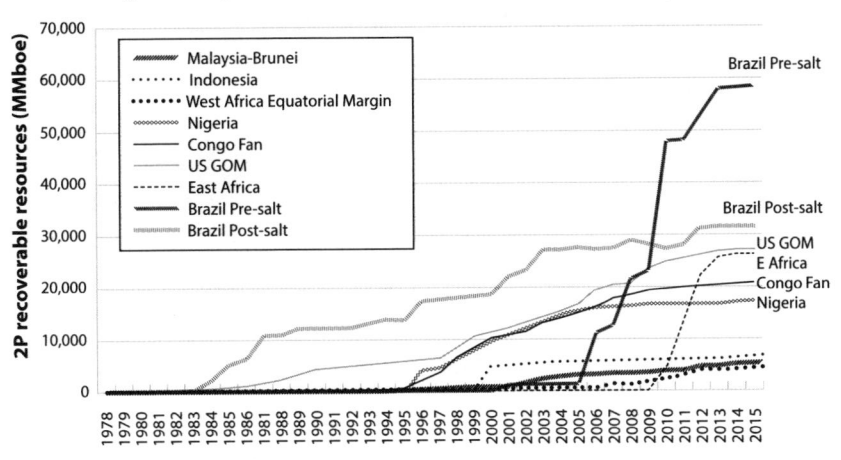

Cumulative global deepwater resources discovered

Fonte: IHS Markit 2016

Há que se ampliar a discussão com representantes da sociedade civil, comunidade acadêmica e Ministério Público, pois o desafio está colocado de forma inequívoca: enquanto nos Estados Unidos têm-se cerca de 5 milhões de poços perfurados, malha de gasodutos

Prospective Shale Basins of Brazil

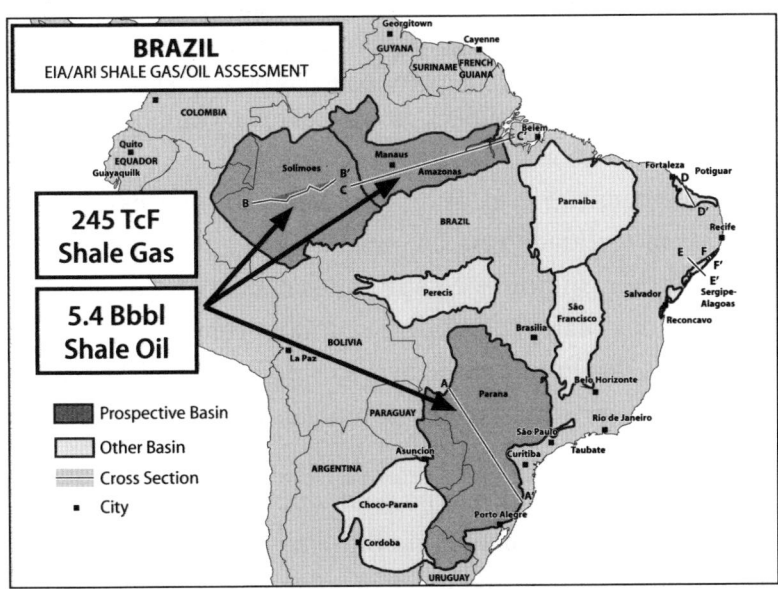

Source: ARI, 2013

Produção Futura de Óleo e Gás
(Milhões de Barris por dia)

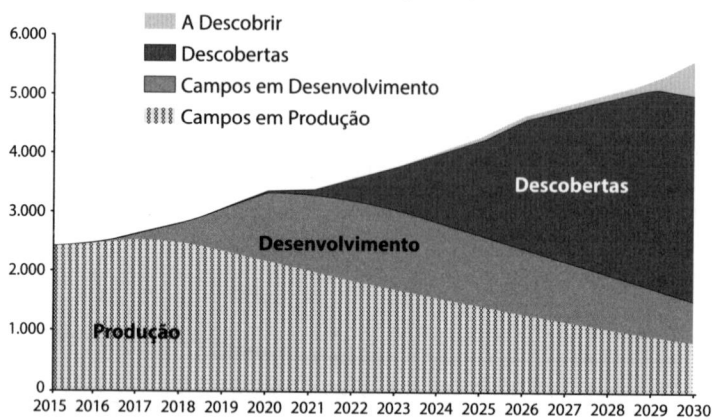

- A Descobrir
- Descobertas
- Campos em Desenvolvimento
- Campos em Produção

Fonte: Rystad Energy (UCube Set 2016)

desenvolvida e recursos convencionais em declínio, no Brasil, existem pouco mais de 30 mil poços perfurados, recursos convencionais ainda pouco explorados no ambiente em terra, e em malha de gasodutos restrita.

Numa expectativa de retomada de investimentos no Brasil, com a instauração de um ambiente atrativo a investidores privados, a transformação de todo esse potencial, convencional ou não, em reservas deverá dobrar a produção de petróleo e gás nos próximos doze anos, passando dos atuais 2,5 milhões de boe/dia para 5 milhões de boe/dia, podendo atingir 5,6 milhões de boe/dia em 2030.

O investimento necessário para se transformar essa curva de produção em realidade gera emprego ao nível de 25 mil postos de trabalho diretos, indiretos e capturados e sustentados até 2022 a cada bilhão de dólares investido, segundo estimativas da Associação Brasileira das Empresas de Serviços de Petróleo (ABESPetro), e arrecadações governamentais potenciais de 1,2 trilhões de reais a curto e médio prazos.

Um ponto a ser destacado no perfil dessa arrecadação é a extração de receitas governamentais no Brasil na forma *royalties* no começo da vida dos campos, que incidem sobre produção e não sobre o

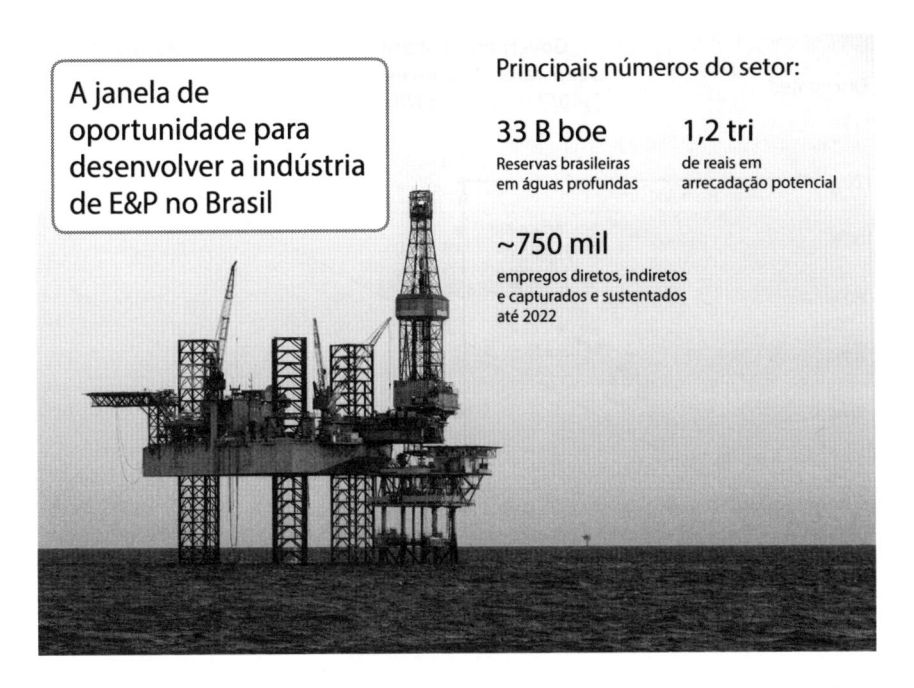

A janela de oportunidade para desenvolver a indústria de E&P no Brasil

Principais números do setor:

33 B boe
Reservas brasileiras em águas profundas

1,2 tri
de reais em arrecadação potencial

~750 mil
empregos diretos, indiretos e capturados e sustentados até 2022

lucro, e ainda antes e pior que isso, impostos indiretos que incidem sobre investimentos – o chamado *front end loading* – muito bem-retratado nos gráficos abaixo que mostram esse aspecto nos contratos de concessão da indústria. Temos uma estrutura fiscal e tributária altamente regressiva e um nível de pagamentos antecipados excessivo em comparação com a maioria dos países com os quais competimos pela atração de capital.

Note-se como os níveis de *Government Take* (GT) brasileiros são bem maiores que seus pares na indústria. Um GT nominal de 67%, quando se considera o efeito do dinheiro no tempo, passa a 121% – em outras palavras, caracterizaria a sua inviabilidade econômica. Dessa forma, ficam na prateleira incontáveis oportunidades, que caso concretizadas, levariam a mais investimento e geração de empregos. Isso acontece também no contrato de partilha. Parece que está em nosso DNA extrair receita governamental antes do tempo. A correção dessa tônica deve se constituir em prioridade na agenda de atração de investimento.

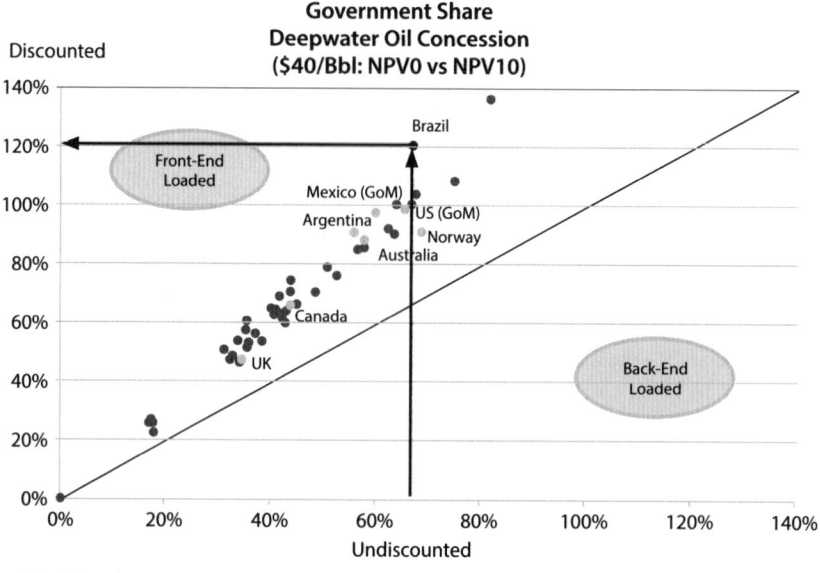

**Government Share
Deepwater Oil Concession
($40/Bbl: NPV0 vs NPV10)**

Wood Mackenzie – maio 2017

Tal regressividade é especialmente perniciosa em áreas de mais alto risco e menor prospectividade, tais como as de fronteira exploratória, por exemplo, em bacias sedimentares onde pouca ou nenhuma exploração ocorreu. Áreas equivalentes nos Estados Unidos foram investigadas por centenas de poços até serem confirmadas como prolíficas. Há que se estabelecer aqui incentivos e um tratamento regulatório e fiscal diferenciado, posto que oferecem maior risco ao investidor para investigá-las. *Royalties* baixos ou mesmo nulos, associados à isenção de impostos indiretos, que incidem sobre o investimento, são incentivos que devem ser considerados, porquanto tais áreas mormente se encontram em regiões remotas, longe de qualquer infraestrutura logística instalada. Além, e antes disso, no dimensionamento da licitação, os blocos devem ter extensão e tempo de contrato consideravelmente superiores aos das bacias conhecidas para que sejam explorados adequadamente.

Com a vigência do novo marco regulatório, criou-se o chamado polígono do pré-sal, uma extensa área delimitada geograficamente na qual todas as oportunidades ali exploradas seriam submetidas ao regime de partilha de produção, como se todas pertencessem ao horizonte pré-salífero, com os mesmos níveis de produtividade e risco, o que se constitui numa simplificação que não expressa a realidade. Neste polígono, há oportunidades no pós-sal, oportunidades essas marginais com diferentes níveis de atratividade, que dificilmente receberão investimentos enquanto lhes forem impostas as mesmas condições contratuais aplicadas ao pré-sal. Recomendável que se deixe ao Conselho Nacional de Política Energética (CNPE) a opção de definir qual o regime de contrato é mais adequado para cada oportunidade a ser colocada ao mercado, de acordo com seu perfil de risco e retorno.

Neste exato quesito, o Brasil apresenta configuração única no mundo, posto que há quatro regimes de contrato válidos: concessão, partilha, cessão onerosa, e excedente de cessão onerosa. Não apenas se configuram em regimes complexos e custosos *per si*; eles tornam-se tremendo óbice em áreas unitizáveis, já complicadas nas considerações geológicas da divisão. Caso real já irá acontecer na próxima licitação do pré-sal, quando quatro áreas ora sendo regidas por um regime de concessão receberão consórcios regidos pelo regime de partilha, impondo toda sua pesada governança, com a presença de um gestor da União com direito a veto, à sua até então ágil configuração, o que certamente levará a atrasos importantes na colocação das descobertas em produção. A gravidade da situação será ainda mais ampliada quando a descoberta se estender a um terceiro ou mesmo quarto regime contratual, possível no país. Isso tudo posto, a solução mais inteligente seria estender ao novo grupo o mesmo regime contratual vigente.

Especial atenção deve se dar aos campos maduros. A Petrobras tem cerca de duzentos campos de petróleo em terra. No entanto, 95% de sua produção vêm de apenas cinquenta deles. Campos de baixíssima produção não vêm recebendo investimentos da Petrobras por conta de subsequentes mudanças de prioridade na estatal ao longo das últimas três décadas (*offshore* raso, depois profundo, depois ultraprofundo e, por fim, o pré-sal). Pequenos investidores, com estruturas de custos mais leves que a estatal, poderiam estender a vida útil desses pequenos campos. E no mar, também muitos campos ficaram pelo caminho nas prioridades da estatal. Um esforço maior poderia se concentrar em campos localizados em águas rasas (profundidade menores que trezentos metros) da bacia de Campos, por exemplo, em produção há mais de trinta anos, já com instalações de produção e exportação, todas situadas fora do polígono do pré-sal. Esses campos apresentam fatores de recuperação de 20%, em média, do volume de óleo *in place* superior a 11 bilhões de barris, mantidos os procedimentos operacionais de hoje. A se lembrar dos fatores de recuperação no Mar do Norte, a níveis de 40%, muito ainda há que ser produzido aqui, através de recuperação secundária e terciária. Porém, enquanto tais campos não são mais hoje o foco da Petrobras, investidores de médio porte certamente terão interesse em investir em áreas com essas características.

Entretanto, qualquer solução para campos dessa natureza passa por algum processo de desinvestimento ou devolução de áreas por parte da estatal, o que vem sendo acenado recentemente. Soluções para a utilização da malha de dutos e instalações de processamento e tratamento, hoje de propriedade da Petrobras, deverão ser buscadas, bem como deve ser modificada a configuração monopsônica do comprador único da produção de óleo e gás.

Um dos maiores desafios para os *players* da indústria do petróleo brasileira será obter fontes de capital para suas atividades. Como ponto final, recomenda-se a adaptação do mecanismo de *reserve based lending* para servir de fonte de capital para companhias de petróleo atuando no Brasil que tenham reservas provadas. O financiamento lastreado em reservas é comum em outros países e pode (e deve) ser aplicado aqui.

O gás natural

Um novo ciclo se inicia para o setor de gás natural no Brasil com a sinalização de uma desconcentração desse segmento, decorrência do programa de desinvestimentos da Petrobras. A venda de ativos, como parte da malha de transporte e de participações nas distribuidoras, sinaliza novas perspectivas de investimento e de diversificação de *players* no setor de gás natural brasileiro.

A iniciativa do Ministério de Minas e Energia (MME) de solicitar à sociedade sugestões para a viabilização de projetos de gás natural em todo o país resultou no programa Gás para Crescer, com vistas ao aprimoramento no arcabouço legal e regulatório do setor.

A expectativa é de revitalização do segmento, com a entrada de novos agentes em toda a cadeia, desde a exploração e produção (E&P), em função da entrada de novos operadores de E&P no transporte de gás natural, na distribuição e também na geração térmica, aumentando a competição no setor e trazendo benefícios para o consumidor final.

Esse novo ambiente traz novos desafios e oportunidades para a indústria brasileira de gás natural, que precisa implementar mudanças para adequar as regras do setor para esse novo cenário. Oito frentes de trabalho, dentro do programa Gás para Crescer, estão em pleno andamento com participação de centenas de agentes – entre os quais cerca de sessenta profissionais de empresas associadas e coordenados pelo Instituto Brasileiro de Petróleo, Gás e Biocombustíveis (IBP) – representantes de vários ministérios e de entidades do setor de gás natural, discutindo temas como escoamento, processamento, regaseificação, transporte e estocagem, distribuição, comercialização e outros, passando pelo aperfeiçoamento da estrutura tributária do setor de gás natural, e sua integração com o setor de energia elétrica.

As diretrizes do programa já foram aprovadas pelo Conselho Nacional de Política Energética (CNPE). Pretende-se, dessa maneira, adequar as regras do setor de gás natural para a atração de investimentos, diversificando a participação, e trazendo liquidez, competitividade e acesso à informação aos agentes, assegurando que o setor contribua para o crescimento do país. A seguir, são apresentadas as dezenove diretrizes do CNPE:

I – Remoção de barreiras econômicas e regulatórias às atividades de exploração e produção de gás natural;

II – Realização de leilões de blocos exploratórios de forma regular, incluindo áreas vocacionadas para a produção de gás natural, especialmente em terra;

III – Implementação de medidas de estímulo à concorrência que limitem a concentração de mercado e promovam efetivamente a competição na oferta de gás natural;

IV – Estímulo ao desenvolvimento dos mercados de curto prazo e secundário, de molécula e de capacidade;

V – Promoção da independência comercial e operacional dos transportadores;

VI – Reforço da separação entre as atividades potencialmente concorrenciais, produção e comercialização de gás natural, das atividades monopolísticas, transporte e distribuição;

VII – Implantação de modelo de Gestão Independente e Integrada do Sistema de Transporte de Gás Natural (STGN);

VIII – Avaliação da implantação do Sistema de Entrada-Saída para reserva de capacidade de transporte;

IX – Aumento da transparência em relação à formação de preços e a características, capacidades e uso de infraestruturas acessíveis a terceiros;

X – Incentivos à redução dos custos de transação da cadeia de gás natural e ao aumento da liquidez no mercado, por meio da promoção do desenvolvimento de *hub(s)* de negociação de gás natural e outras medidas que contribuam para maior dinamização do setor;

XI – Reavaliação dos modelos de outorga de transporte, armazenamento e estocagem, levando em consideração o desenho de novo mercado de gás natural;

XII – Revisão do planejamento de expansão do sistema de transporte, que poderá considerar instalações de armazenamento e estocagem, além de maior integração com o planejamento do setor elétrico;

XIII – Estímulo ao desenvolvimento de instalações de estocagem de gás natural;

XIV – Promoção do acesso não discriminatório de terceiros aos gasodutos de escoamento e Unidades de Processamento de Gás Natural (UPGN) e Terminais de Regaseificação;

XV – Aperfeiçoamento da estrutura tributária do setor de gás natural no Brasil;

XVI – Promoção da harmonização entre as regulações estaduais e federais, por meio de dispositivos de abrangência nacional, objetivando a adoção das melhores práticas regulatórias;

XVII – Promoção da integração entre os setores de gás natural e energia elétrica, buscando alocação equilibrada de riscos, adequação do modelo de suprimento de gás natural para a geração termelétrica e o planejamento integrado de gás e eletricidade;

XVIII– Aproveitamento do gás natural da União, em bases econômicas, como instrumento de política pública para o desenvolvimento integrado do mercado de gás natural, levando-se em conta a prioridade de abastecimento do mercado nacional; e

XIX – Promoção de transição segura para o modelo do novo mercado de gás natural, de forma a manter o funcionamento adequado do setor.

Para o acompanhamento e plena execução das diretrizes, foi estabelecido um Comitê Técnico para o Desenvolvimento da Indústria do Gás Natural, estando as atribuições divididas em oito subcomitês, com contribuição de todas as partes interessadas de todas as esferas; o IBP dedicando sessenta pessoas/associados rumo a um mercado competitivo. Não obstante sejam dedicados tempo e recursos a todos os temas, entende-se que um esforço mais concentrado no início em escoamento, processamento e gás natural liquefeito, no transporte de gás natural na ponta, acompanhados de um imprescindível aperfeiçoamento da estrutura tributária, serão essenciais para se atingir o objetivo de um ambiente regulado, em mercado competitivo.

Destravamento do Setor de GN – Temas Críticos

Ambiente de Negociação: Gás Natural da União, Escoamento, Processamento e GNL, Comercialização

Ambiente Regulado: Aperfeiçoamento Tributário, Matéria Prima, Transporte, Harmonização GN e EE, Distribuição

Mercado Competitivo – Negociação da Commodity

Downstream

O Brasil é um dos cinco maiores mercados de combustíveis do mundo. Esse mercado sempre teve na Petrobras a garantia de seu abastecimento. Os petroleiros da nossa geração hão de lembrar que a missão da Petrobras, definida na década de 1960, era "abastecer o país com petróleo e derivados aos menores custos para a sociedade". Missão essa que a empresa vem cumprindo com notável eficácia. Mesmo durante os choques do petróleo no Oriente Médio, períodos de turbulências políticas internas, greves de petroleiros, esse país de dimensões continentais continuou sendo abastecido de combustíveis de norte a sul, de leste a oeste – talvez nem sempre aos menores custos para a sociedade, e, em anos recentes, com pesados prejuízos aos seus acionistas e às finanças da empresa. Mas é justo reconhecer e aplaudir a Petrobras pelo cumprimento de missão tão relevante para o desenvolvimento do país e bem-estar dos brasileiros.

De acordo com o *Relatório do Mercado de Combustíveis*, publicado em novembro de 2016 pelo MME, apesar da autossuficiência na produção de petróleo, o Brasil importou no período de novembro de 2015 até outubro de 2016 11,5% do consumo nacional de gasolina tipo A e 13,8% do consumo nacional de diesel tipo A para abastecer o território nacional.

Esses números mostram que os tempos hoje são outros. A Petrobras é outra, e novos serão os desafios do abastecimento de combustíveis no país. O atual plano de negócios da Petrobras, focado na recuperação da sustentabilidade financeira da empresa, através de desinvestimentos e reestruturações, indica com lógica e clareza a prioridade para os projetos de desenvolvimento da produção de petróleo, com ênfase no pré-sal. No segmento *downstream*, a indicação é de manutenção das operações. Conclui-se que os investimentos necessários para a expansão da capacidade nacional de logística e refino, hoje integralmente nas mãos da Petrobras, terão de ser feitos por investidores privados. Evidentemente, para que investimentos privados em logística e refino se realizem, o ambiente de negócios e regulatório, principalmente os critérios de formação de preços de derivados, terão de ser outros, bem distintos dos que prevaleceram no Brasil até hoje. A partir da desobrigação da Petrobras de atender ao mercado brasileiro em toda sua extensão, o setor *downstream* entra em terreno por nós desconhecido. As delícias e dores de um mercado integralmente controlado pela Petrobras em mais algum tempo serão doces (ou amargas) recordações.

O IBP enxerga no atual momento de transição do setor *downstream* brasileiro – a exemplo do papel desempenhado a partir da abertura do setor *upstream* na década de 1990 – oportunidade para se oferecer como um fórum para estudos, debates e construção da nova visão para o setor de abastecimento brasileiro. Nesse sentido, encomendou-se ao Instituto de Logística e Supply Chain (ILOS) uma avaliação das demandas futuras, as lacunas logísticas e necessidades de investimentos em *downstream*.

O estudo considera apenas a adição da Refinaria Abreu e Lima (Rnest) ao atual parque de refino e que os volumes de biocombustíveis terão crescimento orgânico. A partir dessas premissas, projeta-se que em 2030 a demanda por gasolina equivalente (gasolina, etanol anidro e hidratado) deve crescer 44% – de 55 milhões de metros cúbicos por ano para 79 milhões –, enquanto a de diesel saltará de 53 milhões de metros cúbicos por ano para 72 milhões no mesmo período. Considerando que não haverá ampliação do atual parque de refino brasileiro – hoje com capacidade de processamento de 2.350 mil barris/dia – a oferta local de combustíveis não vai acompanhar o crescimento da demanda. Em 2030, o déficit de gasolina equivalente deverá ser da ordem de 23 milhões de metros cúbicos, enquanto o de diesel alcançará 14 milhões. Portanto, a demanda futura por combustíveis deverá ser crescentemente atendida por importações de derivados, hoje da ordem de 13% do mercado, podendo alcançar 25% em 2030, sob as premissas de não haver novos investimentos em refino e a manutenção de altos índices de eficiência nas refinarias atuais.

O estudo IBP/ILOS também aponta gargalos logísticos importantes e, de modo geral, a saturação da infraestrutura de dutos, portos, ferrovias, rodovias e hidrovias. As regiões Norte e Nordeste são as mais carentes e vulneráveis a eventuais riscos ao abastecimento. Esses gargalos impõem complexidade e alto custo logístico para o abastecimento de combustíveis no país, que mina a competitividade da economia brasileira e penaliza o consumidor final. Estudos recentes do ILOS sobre as cadeias logísticas no Brasil mostram que o nosso atual custo logístico corresponde a 11,7% do PIB. Nos EUA, o custo logístico equivalente é estimado em 8,3% do PIB americano, o que nos dá uma medida do seu impacto no chamado *custo Brasil* e na perda de competitividade dos produtos brasileiros.

Apenas para atender à demanda de combustível em 2030, o estudo encomendado pelo IBP estima que será necessário o investimento de cerca de R$ 32 bilhões em infraestrutura em todas essas áreas, incluindo tancagem e sistemas multimodais para escoamento de derivados de petróleo e biocombustíveis.

Essa imensa carência por investimentos em logística e refino pode ser vista como uma ameaça ao abastecimento nacional, ou, como preferimos, uma extraordinária oportunidade para investidores que apostem na dimensão e pujança do mercado de combustíveis brasileiro.

Será preciso desenvolver um novo modelo, melhor integrado às tendências e ao comportamento do mercado internacional de derivados, no qual se fazem necessários os investimentos tanto em adequação e ampliação da capacidade de refino como em desenvolvimento da logística de importação, observando-se a configuração de cada cadeia de suprimento de derivados no país.

Em cadeias de distribuição com rápido crescimento de demanda, o investimento em ampliação da capacidade de refino no médio prazo será importante para a garantia de abastecimento no país. Já para cadeias de distribuição abastecidas atualmente pelos portos, seja por cabotagem ou importação, novos investimentos em infraestrutura logística deverão ocorrer ao longo do tempo.

Diante desse novo e desafiador cenário, o MME, a ANP e a Empresa de Pesquisa Energética (EPE) lançaram, em conjunto, as iniciativas Combustível Brasil e RenovaBio, com objetivo de propor ações e medidas para estímulo à livre concorrência e à atração de novos investimentos, com vistas a manter o abastecimento de combustíveis em todo território nacional no futuro. Trata-se de um movimento fundamental para o desenvolvimento da economia do país e para melhoria da qualidade de vida da sociedade.

Quais seriam os princípios básicos a nortear uma nova visão para o *downstream* brasileiro? Quais os requisitos para promover a atração de investimento privado e garantir o abastecimento eficiente e contínuo do mercado brasileiro? Essas foram questões colocadas para cerca de duas dezenas de especialistas em *workshops* recentes sobre o futuro do *downstream*. As respostas apresentaram notável convergência. Dentre as principais recomendações estavam políticas e ações efetivas que promovam e garantam liberdade de preços, tendo como referência o mercado internacional; livre oferta e condições transparentes de acesso à infraestrutura logística; pluralidade de atores, competição e eficiência na alocação de recursos.

Nós, no IBP, estamos empenhados em levar adiante esse debate – com isenção, visão estratégica e critérios de racionalidade econômica – e assim, colaborar com o setor *downstream* brasileiro, fundamental para o desenvolvimento do país neste momento em que ele busca se reinventar.

As portas de saída

Um conjunto de iniciativas poderão tornar nossa indústria mais atrativa ao investimento privado. Elas passam por mudanças fiscais, tributárias, regulatórias e legislativas, e muito por uma mudança de comportamento em relação ao investimento.

O governo já anunciou um calendário regular de licitações. Uma excelente notícia para a indústria, que poderá melhor se programar. Áreas de diferentes prospectividades e perfis de risco serão oferecidas ao longo dos próximos três anos. O grau de sucesso desses futuros leilões é difícil de ser previsto, mas certamente será definido pelo grau de competitividade das oportunidades exploratórias brasileiras – em termos de potencial exploratório e ambiente de negócios – *vis-à-vis* a concorrência internacional. Nesse sentido, elencamos abaixo os principais fatores, ou oportunidades de melhoria, da competividade brasileira para a atração de capital.

Um regime tributário justo, progressivo e simplificado

Uma providência urgente e imprescindível nesse sentido é a extensão do Repetro, o regime especial de tributação aplicado aos equipamentos utilizados na exploração e produção de petróleo e gás. Dele depende a viabilidade de projetos do setor óleo e gás do país, representando um fator crucial na decisão dos investidores em participar dos leilões de E&P previstos para os próximos anos. Sem o Repetro, o Brasil se situa desfavoravelmente a outros regimes de águas profundas que competem por investimento.

Atratividade de Regime Fiscal

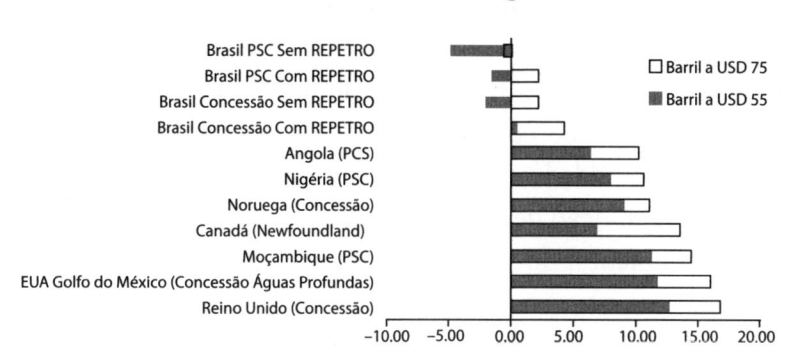

Regime	Barril a USD 75 / Barril a USD 55
Brasil PSC Sem REPETRO	
Brasil PSC Com REPETRO	
Brasil Concessão Sem REPETRO	
Brasil Concessão Com REPETRO	
Angola (PCS)	
Nigéria (PSC)	
Noruega (Concessão)	
Canadá (Newfoundland)	
Moçambique (PSC)	
EUA Golfo do México (Concessão Águas Profundas)	
Reino Unido (Concessão)	

Valor Presente Líquido (USD por barril)

Nota: Baseado em uma simulação de um campo grande de óleo em cada regime fiscal

IBP/Wood Mackenzie

A vigência desse regime termina em 2020 e ainda não há decisão formal sobre sua extensão ou o regime que irá substituí-lo. A sinalização do governo indica que haverá extensão do prazo do Repetro pelo prazo adicional de vinte anos. No entanto, apenas a divulgação da norma oficializando tal extensão pode trazer a segurança necessária aos investidores.

Estabilidade jurídica

A estabilidade jurídica é um pilar de atratividade para qualquer decisão de investimento. Historicamente, as tentativas de se impor ICMS à extração de petróleo, ainda que não exista transferência de titularidade, como se tentou no Rio de Janeiro, vêm sendo derrubadas devido à sua inconstitucionalidade; porém, seguem como ameaça constante à estabilidade.

No momento, discute-se um novo conceito de Preço de Referência, que tem o risco de impor pesado aumento no pagamento de participações governamentais.

Outro exemplo recente é a tentativa de se mudar a definição de *campo de petróleo*, com objetivos arrecadatórios se sobrepondo a critérios técnicos e às melhores práticas internacionais.

Licenciamento ambiental com qualidade e previsibilidade

O processo de obtenção de licenças ambientais vem se mostrando complexo e moroso no Brasil, dificultando e atrasando o início das atividades de exploração e produção em determinadas áreas. Enfatiza-se a necessidade de planejamento adequado da oferta de blocos, com a realização de avaliação ambiental anterior à licitação. A avaliação ambiental de área sedimentar e o mapeamento prévio dos impactos socioeconômicos da área a ser licitada são pontos de fundamental importância para tornar o processo de licenciamento ambiental mais ágil, previsível e transparente.

Considerações finais

Como procuramos descrever nesse artigo, são muitas as saídas que o setor de óleo e gás oferece ao Brasil. No entanto, é preciso ter clareza sobre as profundas transformações por que passa o setor de energia. Competitividade é a palavra que move a indústria, desde sempre, e ainda mais após o imprevisto colapso dos preços do petróleo em 2014 e da formação de um certo consenso de que continuarão baixos por um bom tempo. Vivemos tempos de recursos energéticos abundantes e orçamentos restritos, seletivos.

No setor de energia brasileiro estamos avançando. Assistimos à exaustão de um modelo baseado em comando e intervenção estatal e o recomeço de um novo ciclo, um novo ambiente de negócios, mais diversificado, competitivo, transparente e estimulante ao investimento privado. Por se estender e impactar toda a extensa cadeia de valor do setor petróleo, estamos provavelmente vivendo a mais profunda transformação do setor de óleo e gás de nossa história.

Embora seja justo reconhecer os avanços feitos, ainda temos imensos desafios pela frente para recuperar a competitividade perdida e atrairmos os investimentos necessários para transformar o extraordinário potencial petrolífero brasileiro em empregos, tributos e crescimento econômico.

As portas de saída oferecidas ao Brasil pelo setor petróleo são amplas, mas não ficarão abertas para sempre. A hora é esta.

TEXTOS DE ENTREVISTAS

Interview for the Brazilian Chamber of Commerce in Great Britain

March, 2017.

Can you talk about IBP [The Brazilian Institute of Petroleum, Gas and Biofuels] membership and key priorities?

With nearly sixty years of activities, IBP is acknowledged as an institutional representative for the oil and gas sector in Brazil. We work across the oil, gas and biofuels value chain, hosting fifty technical committees that attract 1,250 professionals from our 160 associated member companies. This wide range of capabilities and activities result in studies, projects, publications, events and training programs. IBP is also the main voice for the oil and gas upstream industry in forums and public hearings on industry regulation, taxation and sectorial issues. Therefore, our key priorities are – and have always been – industry development promotion and knowledge diffusion.

What has been so far the impact of lower oil prices and the crisis in Petrobras, crisis on Brazil's economy in general and on oil and gas investment in Brazil?

The impact was catastrophic. By far, the most damaging crisis our industry has endured in its history. I believe we learned some lessons. We cannot build a healthy industry based on voluntarism and artificialities. The Brazilian oil and gas industry is emerging from this crisis profoundly transformed. For the better. Leaner, cleaner, more diversified, transparent and competitive for global investments. However, some conditions have not changed: our extraordinary exploration potential and the vast size of the Brazilian markets.

What are the key challenges facing the Brazilian oil and gas industry in the short and medium term?

In the short term, we need to solve some regulatory and fiscal constraints to unlock projects and investments already in waiting mode and to increase the attractiveness of the upcoming exploration licensing rounds. In this category, I would include the extension of Repetro, the special tax regime for the oil and gas sector; the pacification of the relationship between the industry and Rio de Janeiro state about local taxes; local content issues such as the regulation of the contractual waiver clause; and better predictability in the environmental licensing process. The medium to long-term agenda is quite extensive, but I would highlight a need for a simpler and more progressive fiscal framework and the regulatory changes needed to open the mid and downstream markets as a consequence of Petrobras divestments program.

It´s also fair to acknowledge the important steps President Temer's government has already taken in the removal of obstacles to oil and gas investments in Brazil, such as the end of Petrobras obligation to be its sole operator in the pre-salt province, the flexibilization of the local content regulations, and the return of the exploration licensing rounds.

Can you comment about the announced changes in the local content policy? Do you think the new format will contribute to make Brazil more attractive for investment?

These changes certainly represent an important and welcomed progress in relation to the previous local content policies. The regulation announced for the upcoming 14th Bidding Round impose simpler and more realistic local content obligations on investors and will contribute to make Brazil more attractive for investments. However, we at IBP remain convinced that a local content policy focused on Brazil´s comparative advantages, based on incentives, not in fines, addressing Brazil´s infrastructure, financing and bureaucracy disadvantages, is the most effective way to build a strong and globally competitive local supplier base.

The Ministry of Mines and Energy announced three exploration bid rounds for 2017. When is it going to happen? Have they defined the areas? What are the expectations?

Minister Fernando Coelho Filho announced four bidding rounds for 2017. A round for marginal fields in May; the 14th Round, probably in September, with blocks throughout the country under concession contracts; and two rounds inside the pre-salt polygonal, one offering blocks adjacent to already made discoveries, probably in September, and another round with pre-salt blocks under production sharing agreements by the end of the year. There are great expectations regarding these rounds that represent the return of Brazil to the global exploration arena, but it is difficult to predict its outcome. The result of these rounds will definitely express Brazil´s business environment competitiveness.

How is Brazil positioned vis-à-vis other emerging oil markets such as Mexico, Argentina, and Angola to attract foreign investment?

This is a key question and we don´t have a qualified answer yet. In this sense we are hiring an international consulting firm to perform a study focusing on Brazil´s competitiveness position vis-à-vis not only emerging markets. However, I can anticipate that, when it comes to exploration potential in terms of materiality and economic robustness, the Brazilian pre-salt and the American unconventional oil are currently the two most important new hydrocarbon provinces on the planet. Regarding above ground competitiveness, despite the current Brazilian government efforts, I believe we still have a long way to go to get Brazil better placed in the competition for capital, even compared to emerging oil markets.

The Brazilian biofuels industry suffered huge losses until 2014, with lots of ethanol plants closures and consolidation. What are the perspectives in the short/medium term? Will Brazil continue to import gasoline to meet the shortcomings in local ethanol and petrol (gasoline) production?

Among the factors detrimental to the ethanol industry in Brazil, the most relevant was the loss of competitiveness against petrol, its main competitor, largely provoked by artificial pricing control. Now that national prices are fluctuating more freely, in parity to international prices, we will see a healthier and more predictable environment for biofuels production in Brazil. Additionally, the government recently launched RenovaBio 2030, a program designed to promote the expansion of ethanol and biodiesel production. It is compatible with the domestic growth in consumption and based on predictability, environmental, economic and social aspects, also aligned with commitments made by our country at COP21.

Regarding the supply of gasoline to the Brazilian markets, we expect the growing demand supplied increasingly by imports in the short/medium term, since Petrobras made clear they don´t intend to invest in mid and downstream. As a result, additional capacity in refining and logistics will depend on private investment. Two factors will be key to the attraction of private investment for the mid and downstream: assurance of international pricing and the results of Petrobras divestment plan. In this sense, the government launched in good time the Combustível Brasil program to address the regulatory framework needed for the effective opening of the Brazilian downstream sector.

In the past there was hope about the potential for unconventional oil and gas in Brazil but this has not materialized. What is currently going on?

Some technical studies have reported important potential for unconventional oil and gas exploration in basins such as Parnaíba, Recôncavo, São Francisco, Paraná and others. These are still very preliminary studies. We don´t have yet tested the drilling and fracking technology in Brazil. One of the reasons is that we have a provisional ban on fracking in the country. We believe, as the USA unconventional revolution has already demonstrated, that it is possible to produce oil and gas from unconventional reservoirs in a safe and environmentally responsible way. Since there is nothing really going on in Brazil, we are watching with much interest the development of the unconventional exploration of the Vaca Muerta formation in Argentina.

Taking into account the drastic reduction in investment, the demobilization of Human Resources and the critical situation of the large Brazilian construction companies, will Brazil be prepared if the industry ramps up investments from 2019 onwards?

Thousands of experienced professionals have lost their jobs during this dreadful crisis and many, most probably, won´t return to our industry once it, hopefully, rumps up again in a few years. This represents a risk and a challenge to develop the people that will be needed in oil and gas operations in Brazil. However, after all these years in this cyclical business, I have learned to admire the resilience of this industry and its capacity to reinvent itself. Reinvention, I believe, will also be key for the Brazilian large construction and engineering companies, in a more competitive and transparent business environment, probably with an increased and welcome participation of new domestic and international competitors.

The pre-salt province is extremely productive and has become the main contributor to Brazil's oil production. Can new pre-salt projects be competitive with oil prices at a US $50-60 price range?

Yes, the economic robustness of the pre-salt province, even in a low oil price scenario and despite its huge technological and operational demands, results from the extraordinary productivity of the pre-salt carbonate reservoirs. In average, a pre-salt well produces two or three times more than an average offshore well in the North Sea or the Gulf of Mexico. As an example, the partners of Petrobras who operated the Libra field, considered more complex and challenging than most of other giant pre-salt fields, have announced their ambition to reach breakeven at US$ 35/barrel.

Petrobras has announced a divestment of US$ 34 billion. The assets include participation in upstream blocks, pipelines, gas and fuel distribution, LNG terminals and gas fired power plants. But the courts have issued injunctions against some of those divestments. What are the prospects so far?

"Brazil is not for beginners", said Tom Jobim, the famous composer of *Garota de Ipanema*. Brazil has in fact its idiosyncrasies, its rhythm, its rituals, not always easy to understand. Petrobras divestment plan make sense for the company. In fact, it´s a necessity, as CEO Pedro Parente explained, for the state company to recover its financial equilibrium. It´s also good for the Brazilian oil and gas industry as it opens markets and investment opportunities. For these reasons, I believe Petrobras will deliver its divestment plan, with some back and forth, bringing interesting opportunities for British companies that believe in the potential of the Brazilian oil and gas market.

What is the potential for further collaboration between Brazilian and British companies?

With a long history in oil and gas activities, particularly offshore, British companies developed a knowledge that Brazil can certainly benefit from. The North Sea province is some years ahead in terms of maturity when compared to the Brazilian offshore fields. British companies have already developed an advanced expertise in areas that are still in their early stages in Brazil, such as extending the life of maturing fields, increasing reservoirs recovery factors, decommissioning offshore installations. These are just a few examples of valuable experiences with potential to foster collaboration with Brazilian companies.

Entrevista à Subsea World Magazine

Julho, 2017.

Brasil, México e Angola estão promovendo reformas regulatórias e mudanças institucionais para disputar a atração dos investimentos globais no setor de óleo e gás. Nesse cenário cada vez mais acirrado e competitivo, qual é a expectativa do Instituto Brasileiro de Petróleo, Gás e Biocombustíveis (IBP) em relação ao reposicionamento do Brasil no mercado mundial?

O Brasil descobriu nos últimos anos cerca de 40% das reservas convencionais de óleo e gás do mundo, especialmente no pré-sal, que tem uma extraordinária produtividade – e, consequentemente, economicidade – e grande potencial ainda inexplorado, o que é um grande chamariz. No atual governo, começaram a ser feitos importantes avanços para tornar o país mais atraente e competitivo para investimentos, como a evolução das regras de conteúdo local para um modelo mais simples e realista e o fim do operador único. Esperamos que, em breve, o Repetro, vital para a competitividade da indústria brasileira, seja renovado.

Foi estabelecido ainda um calendário de leilões, o que traz previsibilidade para investidores. Contudo, precisamos avançar ainda mais para aproveitar ao máximo o potencial exploratório brasileiro num momento em que o horizonte da indústria do petróleo se encurta com o crescimento de fontes renováveis e a previsão de que reservas de custo mais alto e em países mais fechados possam ficar encalhadas.

Diante do estímulo à competitividade injetado pelo governo no setor de óleo e gás, como as operadoras internacionais têm enxergado o ambiente de negócios no país? De acordo com o IBP, as empresas já estão avaliando o Brasil com mais interesse e disposição para investir nos próximos leilões?

Cada empresa faz a sua avaliação técnica e de risco de cada bloco e projeto. E essa percepção varia muito de acordo com o perfil das empresas, seu portfólio e sua estratégia. Contudo, certamente aumentou o interesse das empresas no país com as mudanças já mencionadas no conteúdo local, o fim do operador único – muitas companhias gostam de operar seus ativos –, e mais recentemente, o novo modelo de contrato da Agência Nacional do Petróleo, Gás Natural e Biocombustíveis (ANP) para as rodadas de licitação deste ano, que é bem melhor do que os anteriores.

Como você avalia o fenômeno do *shale oil* nos EUA em relação ao pré-sal brasileiro?

O *shale oil* promoveu uma verdadeira revolução na indústria do petróleo, ao transformar os EUA de importador de óleo e gás para um país autossuficiente. Esse é um dos motivos dos preços se manterem em patamares mais baixos. Ao contrário do *shale oil* americano, no pré-sal as descobertas são de grandes dimensões e excelente produtividade, com poços produzido de 20 a 25 mil barris/dia. Essa extraordinária produtividade dos reservatórios do pré-sal é o principal fator de atratividade e robustez econômica, por reduzir os custos de desenvolvimento, necessitando menos poços, plataformas e equipamentos. O *shale oil* americano e o pré-sal brasileiro são, sem dúvida, as duas novas províncias petrolíferas de maior relevância no planeta, mas que oferecem oportunidades para empresas e investidores de diferentes perfis.

Em abril, o Conselho Nacional de Política Energética (CNPE) publicou a Resolução nº 10, que estabelece as diretrizes estratégicas para novas políticas do setor de gás natural e a estruturação de seu mercado. Quais são as oportunidades que esse mercado pode representar para a indústria?

As novas políticas governamentais que removem obstáculos ao investimento privado e as oportunidades surgidas com o programa de desinvestimentos e parcerias da Petrobras marcam o início de um novo ciclo para a indústria do petróleo no país. Esse novo ambiente que se desenha será certamente mais diversificado e competitivo. Vale destacar a iniciativa do Gás para Crescer, que conta com participação ativa do IBP, e busca promover mudanças regulatórias para criar um novo ambiente de negócios no mercado de gás natural e viabilizar a entrada de novos agentes nos diversos elos da cadeia. Para o desenvolvimento do novo mercado de gás, estão sendo revistas questões como disponibilidade e acesso às infraestruturas de escoamento, processamento e terminais de regaseificação, além da mudança e simplificação do modelo de tributação. Outro ponto essencial é o aprimoramento da interação entre os setores de gás natural e energia elétrica, promovendo o aumento de competitividade da geração térmica com gás natural. Dependendo do modelo e extensão do programa de desinvestimentos da Petrobras no setor *downstream*, teremos certamente a maior transformação da indústria do petróleo brasileira desde a sua criação.

Qual o posicionamento do IBP em relação ao processo de licenciamento ambiental no Brasil? O que é preciso fazer para os órgãos responsáveis imprimirem mais celeridade ao processo?

O licenciamento ambiental é estratégico, fundamental para a indústria do petróleo e deve ser conduzido com todo o rigor para proteger áreas sensíveis. Mas o tempo e recursos que vêm sendo demandados para a obtenção de uma licença não se justificam, nem se refletem na qualidade da avaliação ambiental. Por exemplo, nenhum dos 41 poços exploratórios comprometidos na 11ª Rodada em 2013 conseguiram suas licenças de perfuração. Enquanto isso, no México, uma descoberta gigante foi feita recentemente, apenas dois anos depois do bloco ser arrematado em leilão. Essa questão é, sem dúvida, uma desvantagem competitiva do país que precisa ser solucionada. Para isso, o IBP e o Ibama trabalham em conjunto para tornar mais ágeis e efetivos os procedimentos, aumentar a previsibilidade e diminuir a subjetividade do processo por meio de Termos de Referência padronizados. Seu conhecimento prévio poderá acelerar a aprovação dos estudos ambientais, e, consequentemente, a emissão de licenças.

Sem o Repetro não há investimento. Devido à crise financeira, o estado do Rio de Janeiro alterou o mecanismo de tributação para o setor de óleo e gás. Em sua opinião, qual é o risco que o Estado corre nos próximos leilões?

De fato, o Repetro é essencial à competitividade da indústria. Estudo da consultoria Wood Mackenzie apontou perda de 188 mil empregos diretos e indiretos e uma redução de 1,9 milhões de barris/dia de produção de óleo e gás sem a renovação desse regime especial. Mas estamos confiantes na sinalização positiva do governo. Entre os maiores obstáculos e incertezas, que também afetam os investimentos e têm potencial de inviabilizar campos já em produção, estão o ICMS que o estado do Rio de Janeiro pretende cobrar sobre a produção, e a taxa de fiscalização, que estamos questionando na justiça. Além de ilegais, as novas taxas geram custos que inviabilizam a nossa indústria, que hoje se esforça para reduzir custos e se ajustar à nova realidade dos preços do petróleo, que devem continuar baixos por um longo tempo. O eventual pagamento das novas taxas vai diminuir, ainda, os repasses de *royalties* do pré-sal para a saúde e a educação, por meio do Fundo Social. A redução da arrecadação dos *royalties* com a queda da atividade petroleira terá reflexo nacional e um impacto direto no estado do Rio de Janeiro.

Sobre as regras atuais de pesquisa, desenvolvimento e inovação (PD&I), segundo o IBP, a quem deve pertencer a decisão final das regras de aplicação da cláusula obrigatória dos investimentos do 1%? Às petroleiras ou ao governo? Por quê?

O Brasil precisa buscar ser competitivo internacionalmente e uma das formas mais efetivas é investir em pesquisa, desenvolvimento e inovação. É fundamental otimizar a alocação dessas verbas, com foco no desenvolvimento de tecnologia inovadora e uma cadeia de suprimentos competitiva e capaz de atender em preço, prazo e qualidade. Por isso, defendemos que os recursos possam ser usados diretamente pelas empresas em seus projetos de pesquisa e inovação e parte também na cadeia de fornecedores. A arrecadação de recursos de PD&I do setor já somou mais de R$ 12 bilhões, mas pouco produziu em termos de inovação, novos produtos e à melhor qualificação dos fornecedores locais.

O Brasil pode se tornar um exportador de óleo cru nas próximas décadas. No entanto, o caso de maior sucesso da indústria, a Noruega, utilizou o petróleo como uma alavanca para estruturar uma política industrial baseada em inovação. O que precisa ser feito para alcançarmos esse patamar de excelência? Como estabelecer um *break even consensual* entre os diversos atores da indústria do petróleo e os interesses nacionais?

Acreditamos que, agora, o Brasil começa a trilhar o caminho correto e certamente a Noruega é um bom modelo a ser estudado. Desde que descobriu petróleo no início dos 1970, ela direcionou seu esforço governamental para a inovação e, como consequência, desenvolveu uma cadeia de fornecedores de padrão e competitividade internacionais. Nossa visão é a de que uma política industrial para ter sucesso, como na Noruega, todos – governo, operadores e fornecedores – devem desempenhar com competência seus respectivos papéis. Os operadores procurando desenvolver os projetos da forma mais eficiente e segura, os fornecedores apresentando equipamentos e serviços com bom custo, prazo e qualidade, e o governo promovendo um ambiente regulatório e tributário estável e competitivo. E todos devemos também nos engajar numa agenda da competitividade, que remova os obstáculos, custos e ineficiências brasileiras. Uma política industrial que ambicione apoiar ou proteger um determinado setor pode ser feita sem transferir seu custo para o investidor, mas por meio de incentivos, e de forma transparente.

TEXTOS PARA LIVROS

História do offshore brasileiro

Prefácio para *A conquista do petróleo: uma saga no mar*. Alexandre L. Morelli Rocha, Editora FGV, 2016.

Merece elogio a iniciativa da Fundação Getúlio Vargas (FGV) de contribuir para a preservação da história do desenvolvimento da indústria *offshore* brasileira, uma história de sucesso extraordinária, ainda mais oportuna nos tempos atuais em que profunda crise abate o setor petróleo no Brasil e no mundo. A leitura do livro e uma reflexão sobre os fatores que conduziram o Brasil a um lugar de destaque na vanguarda da tecnologia *offshore* – o potencial geológico brasileiro e a capacidade tecnológica local – permitirão concluir que os fundamentos do sucesso da indústria *offshore* brasileira continuam, apesar das atuais circunstâncias, preservados e até ainda mais robustos.

Importante coletar depoimentos, visões e lembranças de alguns personagens que viveram com intensidade essa saga extraordinária. Pena não ser possível estender a coleta aos tantos técnicos, cientistas, executivos e profissionais que, de alguma forma, participaram dessa fabulosa aventura *offshore* que teve início com a descoberta do campo de Guaricema, em 1968, no litoral de Sergipe. Todos, como eu, imensamente orgulhosos de terem feito parte de uma geração que levou a indústria do petróleo brasileira, de um início marcado por grandes esperanças e muitas dúvidas, a uma posição de vanguarda e liderança no cenário mundial.

Além de profunda pesquisa acadêmica sobre o contexto histórico, geopolítico e econômico em que se desenvolve a indústria do petróleo brasileira, o livro aborda, em detalhe, o desenvolvimento da pesquisa *offshore* no Brasil, tarefa em que o Centro de Pesquisas da Petrobras – o admirável Cenpes – teve papel fundamental. Ainda mais relevante para o sucesso e a efetividade do desenvolvimento tecnológico *offshore* brasileiro foi, como bem ressaltam vários dos entrevistados, o modelo, o sistema tecnológico desenvolvido pela Petrobras, no qual os objetivos das pesquisas do Cenpes, assim como de outros centros de pesquisa associados, acadêmicos e de fornecedores, estavam interligados às demandas da operação e a um plano estratégico de desenvolvimento tecnológico focado em objetivos empresariais muito bem-definidos. Esse modelo vitorioso foi concebido por José Paulo Silveira na década de 1980, inaugurado no primeiro Programa de Inovação Tecnológica e Desenvolvimento Avançado em Águas Profundas e Ultraprofundas (Procap) – replicado, copiado, reverenciado e preservado até os dias de hoje.

No entanto, é preciso ter em mente que a maior contribuição brasileira ao desenvolvimento *offshore* não foi pela geração de inovações tecnológicas, mas pela coragem e arrojo em testar as que surgiam, seja no Mar do Norte ou no golfo do México, adaptá-las para fazê-las funcionar na bacia de Campos. Tal como fizemos no campo de Enchova, em 1986, nosso primeiro *sistema de produção antecipada*, que reproduzia o experimento pioneiro inicialmente testado no campo de Argyll, no Mar do Norte, no qual uma sonda de perfuração fora transformada em plataforma de produção, de modo a permitir que o poço recém-perfurado fosse completado para produzir diretamente para um navio-cisterna.

Uma ideia não testada e colocada em prática é uma ideia perdida para sempre. O Brasil, premido pelos impactos dos choques do petróleo da década de 1970, fez da bacia de Campos, onde uma série de descobertas descortinavam seu imenso potencial exploratório, um grande campo de testes de tecnologias *offshore*, cujos resultados, avanços e conquistas eram acompanhados com surpresa e admiração pela indústria mundial do petróleo, uma indústria reconhecidamente conservadora e temerosa de testar novas tecnologias. O aplauso internacional ressoou forte em Houston, em 1992, quando a Petrobras recebeu, pela primeira vez, o prêmio da Offshore Technology Conference (OTC), o Oscar do petróleo, conferido à empresa que tenha dado a maior contribuição ao desenvolvimento da tecnologia *offshore*.

Carlos Walter Marinho Campos liderou o grande salto que transformou a Petrobras, de uma obscura empresa estatal de terceiro mundo, em uma potência tecnológica de exploração e produção em alto-mar. Entusiasta do conhecimento, ao assumir em 1967 a liderança do Departamento de Exploração da Petrobras, retomou e ampliou o programa que enviava geólogos, geofísicos e engenheiros para se aperfeiçoarem nas melhores universidades no exterior iniciado por Walter Link, geólogo americano quem primeiro comandou a exploração de petróleo na Petrobras. Desenvolveu também centros de excelência em petróleo em várias universidades brasileiras, importando renomados professores estrangeiros, multiplicando a capacidade de treinamento, em alto nível, dos técnicos da Petrobras. Carlos Walter acompanhava pessoalmente os programas de treinamento, cobrava, exigia e obtinha de todos, alunos e professores, dedicação e resultados.

Quando a Petrobras se viu diante das descobertas gigantes da bacia de Campos, em águas cada vez mais profundas, num tempo em que a tecnologia *offshore* ainda engatinhava, a sua equipe técnica já era há tempos de nível internacional e estava pronta e preparada para os desafios e oportunidades que se apresentavam. Para surpresa de muitos, até dos próprios técnicos da Petrobras.

Lideranças visionárias, planejamento estratégico, gente preparada e competente foram fatores fundamentais para o sucesso da exploração e desenvolvimento dos recursos petrolíferos *offshore* brasileiros, mas houve outro fator igualmente importante: a meritocracia.

A meritocracia esteve presente, foi estimulada e protegida desde a fundação da Petrobras. Prevaleceu, com raras e desonrosas exceções, por várias gerações de profissionais, a minha inclusive. Nenhuma empresa, estatal ou privada, conseguiria, como a Petrobras conseguiu, vencer desafios, inovar, criar tanto valor e atingir tal nível de excelência tecnológica sem ter à frente suas melhores lideranças, sem associar o êxito e o crescimento dos seus profissionais aos resultados por eles obtidos. Da mesma forma, são rápidos o declínio e a decadência da mediocridade nas empresas e organizações que dela abdicam.

Graças às imensas reservas do pré-sal, o Brasil deverá continuar a ser um dos principais polos de desenvolvimento e irradiação de tecnologia *offshore* do futuro. O pré-sal é, sem dúvida, a província que mais irá demandar e mais oportunidades tem a oferecer para o surgimento de ideias novas e criativas que tornem o seu desenvolvimento ainda mais econômico e seguro.

Espero que as lições e experiências contidas nesse livro contribuam para que o futuro da indústria *offshore* brasileira seja tão ou mais brilhante que a sua história, para admiração internacional e benefício e orgulho dos brasileiros.

Introduction to biofuels

Foreword for the *World Petroleum Council Guide on Biofuels*. Organized by José Luiz Orlandi, 2016.

The history of humanity and civilization development were both always related to energy. A crucial dilemma of our times is how to reconcile energy supply, preferably easily accessible and affordable, essential to human prosperity, with environment equilibrium and preservation.

More than 7 billion people inhabit our planet, while 20% of this population does not have any access even to the basic comfort of electricity yet. According to the United Nations (UN), by 2050 we will be 9 billion people. In this scenario, we will need all forms of energy, or at least those minimally viable, to supply the growing demand, in particular the needs of billions of miserable people who aspire, and rightly so, to a better life, only possible through access to affordable energy.

Life is made of choices. During COP21 in Paris, 195 countries choose to reduce emissions of greenhouse gases and limit anthropogenic climate change. A choice that will have profound impact on the global energy industry as it brings closer the time horizon of fossil fuels.

In its more conservative *New Policies* scenario, the International Energy Association (IEA) forecast that by 2040 74%

of the energy demand will still be provided by oil, natural gas and coal. However, in the IEA's 450 scenario, which considers the implementation of COP21 policies and targets, the call on fossil fuels will be reduced to 60% of the global consumption, opening additional demands and opportunities for energy sources that produce lesser atmospheric impact.

Brazil had an influential presence at COP21, committing to reduce 37% of its greenhouse gas emissions by 2025. To deliver that, Brazil will need to reshape its energy matrix, expanding the biofuels share of the energy produced and consumed by the country.

The relevance of biofuels as an energy source is growing fast. Global production grew 9% in 2014. According to IEA's 450 scenario, bioenergy may represent 16% of the global energy matrix by 2040.

Currently, sixty countries sponsor incentive programs to progress biofuels consumption. The United States and Brazil are the leading producers – with an annual production of 53.7 billion and 28.2 billion liters, respectively. As second-generation biofuels produced from biomass start to become economically viable, the scale of this market will be raised to another level. Moreover, there are already news of third generation biofuels, the use of marine algae and other technological breakthroughs that may further strengthen biofuels as a vital source of renewable energy. Therefore, it is fundamental to make financial and human resources available to encourage biofuels technological research and development.

Given its relevance as a leading biofuels producer and consumer, Brazil is probably the country that has more opportunities to offer and more to gain from the technological advances which will make biofuels production even more economic and efficient.

The climate agenda imposes itself as a decisive factor in the shaping of the future global energy matrix and markets. Clean energy generation is now present in the energy planning agenda of the world´s main economies, as a response to the clear and emphatic resolutions established by 195 countries during COP21.

The future will become progressively less dependent on fossil fuels, as demanded by society and climate scientists, as the scale and economics of renewable energy increases its share of the global energy matrix.

We are living transition times. New attitudes, contexts, concepts and policies will transform the energy industry as we know it. Although it still represents a small fraction of the global energy consumption, the strong grow of renewable energies – and biofuels in particular – will be one of the main drivers of change of the world´s energy industry.

The Brazilian Institute of Petroleum, Gas and Biofuels (IBP) applauds it and is proud to take part in WPC´s initiative to issue a book especially dedicated to biofuels, with contributions from the world´s most qualified specialists on the theme, organized with competence and care by IBP´s former director José Luiz Orlandi.

Agradecimentos

Esse livro reúne textos escritos ao longo de uma década em que acumulei dívida com uma lista interminável de companheiros de jornada, gente que me ensinou, apoiou, incentivou, inspirou. Gente do petróleo, do mercado, da política. Gente do IBP, a Casa da Indústria, que é também minha casa. Embora impossível reconhecer as contribuições de tantos, estão representados por José Coutinho Barbosa e João Carlos De Luca, a quem o livro é dedicado.

Sou imensamente grato ao meu editor José Luiz Alquéres. Seu domínio dos temas de energia e vigor intelectual transparecem na apresentação que faz do livro. Alquéres se dedica à produção de livros com o sentido de missão, a intenção do legado. O seu apoio, junto com a dedicação e profissionalismo da equipe da Edições de Janeiro, foram fundamentais para a concretização deste projeto.

Por tudo que fez na vida pela economia brasileira, Pedro Malan merece lugar de destaque no panteão dos grandes brasileiros de sua geração, estátua de bronze em praça pública. Sou-lhe profundamente agradecido pela leitura crítica e atenta do livro, os comentários e excelentes sugestões, anotados a mão, página a página, depois discutidos em detalhe em longo e estimulante almoço no seu restaurante favorito do Jardim Botânico. Como se não fosse o bastante, Malan engrandeceu o livro e a mim com sua generosa apresentação. Foi sua a ótima ideia de incluir na edição final uma linha de tempo com eventos marcantes da indústria do petróleo.

Agradeço a José Pio Borges, dinâmico e culto presidente do Conselho do Centro Brasileiro de Relações Internacionais (CEBRI) pelo prefácio – que estimula o leitor e lisonjeia o autor – e valiosas sugestões na priorização de textos e correções de estilo.

À Clarissa Lins, um agradecimento especial pelas tantas conversas ao longo desses anos, a paciência com que me fez melhor compreender o significado da atual transição energética e por ler meus escritos com olhar de especialista e carinho de amiga.

Agradeço ainda aos amigos José Firmo e Luiz Costamilan, líderes do setor de óleo e gás, que me prestigiaram com sua leitura prévia e comentários elogiosos.

Agradecimentos os mais afetuosos às Anas, Camargo e Montenegro, cujo bom gosto, talento e criatividade estão estampados no design da capa.

Agradeço à Carol Engel pela atenção e cuidado na produção do livro e na coordenação da competente equipe da Edições de Janeiro. Agradecimento especial ao Isildo de Paula Souza pela coordenação editorial.

Embora ocioso, é preciso ressaltar que nenhum dos citados tem a menor responsabilidade sobre opiniões, interpretações e eventuais erros deste livro, embora todos tenham contribuído para melhorar, e muito, o que escrevi.

Este livro foi editado na cidade de São Sebastião do Rio de Janeiro
e publicado pela Edições de Janeiro em outubro de 2018.
O texto foi composto com as tipografias Goudy Old Style,
Reykjavik One CGauge e Myriad Pro e impresso em papel Pólen Soft
80 g/m² nas oficinas da Gráfica Eskenazi.